肠道菌群中耐药性问题的动力学模型研究

康霞霞 著

吉林大学出版社

·长春·

图书在版编目 (CIP) 数据

肠道菌群中耐药性问题的动力学模型研究 / 康霞霞
著 . —长春：吉林大学出版社，2021.3
ISBN 978-7-5692-8129-3

Ⅰ . ①肠… Ⅱ . ①康… Ⅲ . ①肠道微生物－抗药性－
动力学模型－研究 Ⅳ . ①R969.4

中国版本图书馆 CIP 数据核字 (2021) 第 055733 号

书　　名：肠道菌群中耐药性问题的动力学模型研究
　　　　　CHANGDAO JUNQUN ZHONG NAIYAOXING WENTI DE DONGLIXUE MOXING YANJIU

作　　者　康霞霞　著
策划编辑　李承章
责任编辑　曲　楠
责任校对　卢　婵
装帧设计　左图右书
出版发行　吉林大学出版社
社　　址　长春市人民大街 4059 号
邮政编码　130021
发行电话　0431-89580028/29/21
网　　址　http：//www.jlup.com.cn
电子邮箱　jdcbs@jlu.edu.cn
印　　刷　广东虎彩云印刷有限公司
开　　本　787mm×1092mm　1/16
印　　张　7
字　　数　140 千字
版　　次　2021 年 3 月　第 1 版
印　　次　2021 年 3 月　第 1 次
书　　号　ISBN 978-7-5692-8129-3
定　　价　59.00 元

前　言

抗生素是治疗细菌感染的有力武器，但滥用抗生素所导致的耐药性问题正在日益加剧。肠道菌群是由各种肠道微生物组成的复杂共生系统。大量的临床和实验结果显示，抗生素的使用会打破肠道菌群的平衡，而抗生素耐药性的形成与菌群结构有着密切联系。然而，肠道菌群的破坏如何导致抗生素的耐药性暴发，其具体机制尚不清楚。

本书在已有的临床和实验结论基础上，通过建立肠道菌群的动力学模型，利用数值模拟与动力系统理论揭示了抗生素耐药性的形成机制，以及粪菌移植治疗耐药性感染的起效机制。主要内容包括以下几个方面。

（1）建立了肠道菌群的动力学模型，并利用该模型解释了过度使用抗生素导致的耐药性的形成机制。本书中专注于敏感菌和耐药菌的基因序列只有少数位点不同的情况。在第2章里，将肠道菌群大致分为敏感致病菌群、耐药致病菌群和益生菌群。根据这三类菌群间的相互作用关系，建立了相应的动力学模型，并很好地重现了已有的临床和实验结果，验证了模型的可靠性。系统平衡点的分析显示，系统的主要定态解（健康态、生病态等）都不是孤立点，而是一些线段。在抗生素使用初期，每次抗生素治疗都能够使系统轨线返回到健康态所在空间直线上，但并不是回到治疗前的位置，而是在空间线段上发生了移动。这种移动是耐药性形成的基础。事实上，每次抗生素治疗都会使耐药致病菌群和敏感致病菌群的比例发生变化。当抗生素治疗次数逐步增加，耐药菌和敏感菌的比例突破某个阈值时，就形成了耐药性。此外，还进一步分析了影响耐药性形成的因素。分析结果显示，益生菌的数量、菌群组成结构以及菌种间的抑制作用都可以影响耐药性形成的快慢。此外，由于抗生素对不同菌种的杀菌率不同，导致抗生素治疗后菌群比例也会发生变化，从而也可以影响耐药性的形成过程。

（2）利用数学模型探索了粪菌移植治疗耐药性感染的起效机制，并优化了粪菌移植的治疗策略。在第3章中，利用模型揭示，粪菌移植有助于改善肠道菌群的组成比例，使敏感菌致病菌、耐药菌致病菌和益生菌三者比例更接近原始的健康状态，从而治愈抗生素无效的耐药性感染。本书还进一步分析了幸存率、捐赠者的粪菌组成结构、移植次数和药物预处理等因素对粪菌移植治疗的影响。模拟结果显示，提高健康粪菌的幸存率、益生菌的数量或增加粪菌移植的次数，有助于治疗耐药性感染。研究还发现，在实施粪菌移植治疗前进行药物预处理非常重要。此外，模拟结果预测显示，提早使用粪菌移植治疗，可以显著减缓抗生素耐药性的形成，从而优化了粪菌移植的治疗策略。

（3）由于模型较复杂，在第 4 章采用分段线性近似处理非线性常微分方程，获得了一些理论结果，其中包括：证明第 2 章提出的系统中无穷多个非孤立平衡点产生的充分条件；理论上证明了产生耐药性的根本原因是持续用药系统中存在稳定的生病态。

本书的主要创新点是：

（1）针对敏感菌和耐药菌的基因序列只有少数位点不同的情况所建立的三维模型，其系统具有线段型而非孤立的定态解。这种定态解结构是解释耐药性形成机制的核心因素。

（2）我们建立的模型引入了有益菌群，并且考虑了有益菌群和致病菌群之间的种间抑制作用。研究显示，菌群结构，尤其是有益菌在抵抗耐药性的形成中起着非常重要的作用。

（3）揭示了尽早使用粪菌移植可能会有效延缓，甚至阻止耐药性的产生。

本书利用数学模型解释了抗生素破坏肠道菌群导致耐药性的作用机制，并从理论上给予了证明。利用数学模型的预测结果，优化了粪菌移植的治疗策略，对治疗耐药性感染以及有效延缓耐药性形成具有一定的实际意义。

康霞霞

2021 年 3 月

目　录

第1章　绪　论 ……………………………………………………… 1

  1.1　有关肠道微生物的研究现状 …………………………………… 1

  1.2　药物治疗对菌群组成的影响 …………………………………… 2

  1.3　有关肠道微生物的研究现状 …………………………………… 3

  1.4　菌群动力学模型的研究现状 …………………………………… 5

  1.5　主要内容安排 …………………………………………………… 6

第2章　肠道菌群中抗生素耐药性问题 ………………………… 8

  2.1　模型的构造 ……………………………………………………… 8

  2.2　数值模拟再现已有实验现象 …………………………………… 10

  2.3　探索抗药性的形成机制 ………………………………………… 14

  2.4　影响耐药性形成的关键因素 …………………………………… 28

  2.5　小　结 …………………………………………………………… 38

第3章　粪菌移植治疗耐药性感染的机制及优势 …………… 40

  3.1　模型的构建 ……………………………………………………… 40

  3.2　数值模拟再现实验现象 ………………………………………… 41

  3.3　探索粪菌移植对抗耐药性的根本机制 ………………………… 43

  3.4　影响粪菌移植的关键因素 ……………………………………… 46

  3.5　小　结 …………………………………………………………… 54

第 4 章　用分段线性函数处理非线性 ODE 系统 ·················· 56

　　4.1　介　绍 ··· 56

　　4.2　分段线性常微分方程的应用及发展 ·············· 57

　　4.3　非线性系统和分段线性系统 ···················· 58

　　4.4　基本性质及假设 ······························· 60

　　4.5　未加药系统的定性分析 ························· 62

　　4.6　三维持续用药系统的定性分析 ·················· 78

第 5 章　总结和展望 ································· 88

　　5.1　总　结 ··· 88

　　5.2　展　望 ··· 89

附　录 ··· 91

参考文献 ··· 94

致　谢 ··· 106

第1章 绪 论

1.1 有关肠道微生物的研究现状

人类从出生起就通过皮肤接触和母乳喂养首次得到和微生物接触的机会。随之被来自母体及周边环境中的微生物开始定植于身体的不同部位。胃肠道内居住着人类绝大多数微生物。新生儿胃肠道菌群建立的过程中，母乳喂养起到了非常重要的作用[1,2,3]。因为已有研究发现，母乳作为母体微生物的载体可以为新生儿提供丰富的共生菌群来有效抑制致病菌的繁殖及生长。伴随年龄的增长，菌群组成也在不断发生变化，直到成年才逐步趋于稳定[4,5,6]。如图 1-1 所示，图中呈现了人体肠道内各大组织器官中主要肠道微生物的分布情况及其相应的数量级[7]。从图中可以明显看到，胃中微生物的种类及数量最少，结肠和回肠中微生物的种类和数量最多，即不同组织部位，微生物的种类及数量分布各不相同。每个不同个体体内都居住着大约 500 多种不同的肠道微生物，其总数达到 10^{14} 左右，是人体细胞的 10 倍多[8,9,10,11]。因此，它也有着人类"第二大脑"的美誉。

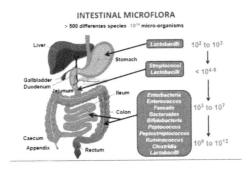

图 1-1 胃肠道内肠道微生物组成和数量在空间和纵向的变化[7]。

整个复杂而又动态的微生物群落和宿主的健康和疾病有着密切联系。体内微生物主要通过分解食物释放宿主无法获得的营养物质，促进宿主细胞分化来保护宿主免于病原体的入侵或定植，激活或调节免疫系统以及刺激细胞生长等方式来维持宿主免疫、正常代谢平衡以及保护宿主免于许多疾病的干扰等[12,13,14]。反过来，宿主也会通过食物摄入等方式提供肠道微生物的居住环境和营养底物。早在 2009 年已有研究指出：人体肠道微生物群在家庭成员之间是共享的，并且在基因水平上存在广泛的、可识别的"核心微生物群"[15]。也有研究指出，肠道微生物菌群的组成在功能层面上也可以产生核心微生物群，偏离该核心与不同的生理状态相关[16,17]。反之，体内菌群的失调将会引发宿主体内暴发一些疾病或大大增加宿主感染重大疾病的风险，例如肥胖、肠道炎症、代谢综合征、2 型糖尿病和癌症等疾病[18,10,20,21,22]。整个核心微生物群主要以厚壁菌门、拟杆菌门、放线菌门和变形菌门这四大菌门为主。已有学者采用宏基因组测序技术研究发现，西方人和亚洲人体内主要肠道微生物有着明显不同。西方人以蛋白和动物脂肪摄入为主。因此，体内拟杆菌和瘤胃球菌为主；亚洲人体内以普氏菌属为主，因为这部分人群更偏向于高糖饮食[23]。而在整个核心菌群的组成结构中主要以大量有益菌为主。因此，有益菌在维持整个肠道菌群的内平衡中有着非常重要的作用。

1.2 药物治疗对菌群组成的影响

近年来，许多研究发现，肠道菌群的组成可能受到许多环境因素的影响。例如，pH、含氧水平、营养底物的可用性和温度等都会使不同菌种在不同的微环境下不同程度地繁殖及生长并发挥着不同的功能[24]。此外，较大的扰动、如长期饮食改变、不规律的作息、抗生素的使用或接受手术治疗等都会不同程度地破坏整个肠道菌群的组成结构[25,26,27,28]。特别是，由滥用或误用抗生素而引发的耐药性问题已经是 21 世纪最严重的健康问题之一。

1928 年世界上第一种抗生素——青霉素问世，它对许多疾病有着药到病除的疗效。但是，在过去的二三十年中，由于人们过度不合理地使用抗生素，使得很多原来非常有效的抗菌药物，其药效明显减弱，甚至表现出不同程度的耐药性问题。

据 WHO 在国际范围内的最新调查显示，我国是世界上滥用抗生素最为严重的国家之一。全球范围内住院患者抗菌药物使用率约为 30%，而我国住院患者中对抗生素的使用率高达 80%～90%；其中，使用广谱抗生素或联合使用两种以上抗生素占 58%，就连门诊感冒患者都有 75% 应用抗生素，已经远远超过了正常的国际平均水平。据不完全统计，北京、上海、广州、武汉、杭州、重庆和成都等大城市每年药物总费用中，抗生素约占 30%～40%，一直居所有药物的首位。因此，由抗生素滥用所导致的细菌耐药性问题在我国也尤为突出。我国临床分离的一些细菌对某些药物的耐药性已居世界首位。除了耐青霉素的肺炎链球菌、耐甲氧西林的金黄色葡萄球菌、肠球菌和真菌等耐药菌外，喹诺酮类抗生素进入我国仅 20 多年，但其耐药率已经达 60%～70%。此外，还有最新发现的携带有 NDM-1 基因的大肠杆菌和肺炎克雷伯菌等"超级细菌"[29]。

与早期发现的"超级细菌"，如耐甲氧西林金黄色葡萄球菌（简称 MRSA）等相比，携带有 NDM-1 基因的大肠杆菌和肺炎克雷伯菌有着更强的威力，所引起的侵袭性感染有着更高的感染率和死亡率[30]。例如，在美国 2005 年的一份数据调查显示，由耐甲氧西林金黄色葡萄球菌入侵导致的死亡率已经远远超过了由 HIV/AIDS 导致的死亡率[31]。也有报道指出，全球每年至少有 70 万例患者因耐药性问题而死亡。耐药菌在全球范围内的暴发和扩散，不仅威胁着我们治疗疾病的能力，延长患病周期，还会使得病人失去自理能力甚至死亡。因此，深入探索抗生素耐药性的形成机制已经迫在眉睫。

1.3　有关肠道微生物的研究现状

越来越多的研究已发现，粪菌移植（fecal microbiota transplantation，FMT）可以有效对抗由耐药菌引发的感染[32,33,34]。临床上也已有不少采用粪菌移植成功治疗的案例。粪菌移植即通过移植健康捐赠者的粪菌进入患者肠道内从而实现治疗[35,36,37]。

早在 1700 多年前，葛洪所编著的《肘后方》中就有粪菌移植（简称 FMT）的相关记载，并且治疗效果极好。在明朝时期，人们使用 FMT 用于治疗有严重腹泻症状的患者或因食物中毒而引发腹泻的患者，并且对该疗法的使用几乎达到极致。但国外有关 FMT 最早的报道来自 1958 年，采用该治疗方案成功治愈了 3 例患有严重伪膜性肠炎的患者[38]。但是，由于人们一提到粪菌便认为它是污秽之物，因此，在随后的二十年内该方法并未引起人们的广泛关注。

伴随肠道内细菌引发的各类传染病在各地逐渐盛行，粪菌移植才再次引起人们的重视。相应地，有关粪菌移植在临床实践中的使用率也取得显著提升[39,40]。特别在治疗由艰难梭菌诱发的复发性肠炎（简称 CDI）方面，如果首次感染后采用传统抗菌治疗，其复发率达 20%～30%，第二次感染后复发率高达 30%～65%；但是，如果采用 FMT 治疗相应复发率明显减少[41,42]。据最新数据调查显示，采用该方法治疗复发性艰难梭菌感染（CDI）其治愈率已高达 80%～90%[43,44,45]。此外，也有三项随机试验报告显示，FMT 的治愈率高达 90% 或者更高[46,47,48]。迄今为止，还没有针对 CDI 的医学疗法可以达到如此高的治愈率。但该方法在临床上仍主要用于治疗由艰难梭状芽孢杆菌引发的感染。近年来，也有病例报告指出，炎症性疾病，腹泻型和便秘型肠易激综合征，以及胃肠道外的疾病，如多发性硬化、血小板减少性紫癜、慢性疲劳和帕金森病等疾病采用粪菌移植治疗后也会得到有效缓解[49,50,51,52]。但学者们对该治疗方案的探索性研究也大多数局限于小鼠模型以及临床试验[53,54]。

临床试验中主要用 FMT 来治疗一些由"超级细菌"引发的感染。例如，已有临床实验结果表明，持续服用 3 d 万古霉素结合粪菌移植可以有效治疗耐甲氧西林金黄色葡萄球菌诱发的肠炎[32,55]。事实上，医院获得型耐甲氧西林金黄色葡萄球菌肠炎也是由于长期抗生素的使用引发菌群失调所致。抗生素的长期使用抑制了对抗生素敏感的金黄色葡萄球菌，耐药金黄色葡萄球菌则趁机过度繁殖及生长，从而导致患者对除万古霉素之外的大多数抗生素都表现出明显的耐药性。也有部分学者在小鼠模型中分析探索 FMT 结合药物治疗对小鼠肠道内菌群组成结构的长期影响。结果显示，抗生素预处理有效促进了移植进来的外源微生物成功定植于患者体内[56,57,58,59,60]。此外，也有学者采用随机试验对比发现，执行粪菌移植后宿主体内的微生物群同健康捐赠者类似。他们还进一步对比了分别接受自身粪便和捐赠者粪便的不同溃疡性结肠炎（UC）患者，人们惊奇地发现，这些患者在临床及内镜缓解方面没有明显的统计学差异[61,62]。因此，粪菌移植疗法中既可以使用健康捐赠者的粪菌也可以使用自身健康时期的粪菌作为移植菌群，这在本书中也有相应的模型分别介绍，来源不同的粪菌相应治疗效果。但在我们的模型中主要采用患者自身健康时期的菌群作为移植材料。

综上可知，FMT 在临床上已被大家所公认是可以重塑肠道微生物共生系统的有效治疗策略。但是，药物综合移植进来的菌群如何取得这些显著疗效，移植后患者体内微生物群落组成结构为什么会同捐赠者类似的方向移动等，都还未有明确的解释。因此，进一步深入研究并改进粪菌移植疗法也是一个重要的现实问题。

1.4　菌群动力学模型的研究现状

我们已经认识到，由数以亿计的肠道微生物组成的复杂而又动态的微生物群落对人类健康至关重要。肠道微生物在适应宿主的同时，宿主也适应了微生物的存在，并且二者之间随着人类的进化进行着复杂的交叉喂养。基于约束建模已经成功用于预测微生物的生长方式，菌种间相互作用，菌群组成状态等[63,64,65,66,67,68]。这些模型随着基因测序技术的发展，以及临床及小鼠模型中实验数据的增加正在不断得到改进。这一小节主要探索有关菌群动力学的现状。

早在抗药性现象还未产生之前，已有许多学者采用数学模型来探索菌群生长模式及菌内相互作用机制。例如，早在 1983 年，Rolf Freter 等人就采用实验数据结合数学模型预测了大肠内两种或多种竞争相同营养底物的菌种可以共存，并且发现生长限制是控制肠道内菌群数量的主要机制[69]。

之后，随着大量实验数据的获得，大多数学者倾向于使用相关性算法来分析菌种间的相互联系，这将缺乏物种间直接相互作用的网络[70,71,72]。直到 2008 年，有学者提出多一个 Lotka-Volterra 模型来预测乳酪中微生物间的相互作用[73]。例如，Stein RR 等学者采用时间分辨的宏基因组学，来解释菌种间相互作用及菌群组成状态。研究表明，肠道菌群主要依赖于菌群组成结构的稳定性来维持人体健康稳态。但抗生素的使用会破坏这种平衡，进而促进致病菌定植于宿主体内。例如，克林霉素的使用看你能会促进艰难梭菌定植于肠道内[67]。

近年来，随着耐药性问题在世界范围内的盛行，已有不少学者借助菌群动力学模型来探索耐药性的产生机制[76-81]。例如，DAgata EM 等人提出的菌群动力学模型考虑了病原体水平基因的转移和宿主免疫反应，并且探索了不同用药策略对耐药性出现的影响[79]。已有研究发现，相比于相继服用两种不同药物，服药时间过短或提前终止抗生素治疗会有利于耐药菌生长，而联合用药更能有效防止耐药菌出现。Vanni Bucci 等人也利用连个菌群（敏感菌群和耐药菌群）组成的菌群动力学模型来探索抗生素的作用[82]。不同于前者的是他们考虑了社会压力（即社会相互作用带来的随机噪声）和底物浓度带来的影响，并证明了抗生素诱导的菌群组成状态的改变在抗生素停止后仍持续存在。

上述这些模型，有些考虑了特定菌种在免疫应答或抗生素作用下数量的变化，以此来刻画宿主处于健康或感染状态。也有许多模型考虑了多物种间的种间相互作用，宿主免疫应答，社会相互作用下带来的噪声等多种因素对菌群组成带来的影响[62,68,74,82]。有些模型中甚至还考虑了质粒中基因水平转移或突变对耐药性出现的影响。而有关耐药性产生机制方面的菌群动力学模型局限于把整个复杂的菌群分为敏感菌和耐药菌来进行讨论，忽略了整个菌群共生系统中有益菌的作用。但事实上，整个肠道菌群中不考虑大量有益菌带来的影响是不完善的。为了使得模型更加合理，借鉴于一有点菌群动力学模型，综合已有的实验现象，在第 2 章提出了一个包含有益菌在内并且考虑抗生素作用的菌群动力学模型，来探索反复抗生素作用下，耐药性形成和粪菌移植有效的根本机制，以及影响二者的关键因素。

1.5　主要内容安排

下面简单介绍一下全书所做的主要工作及研究意义。

在第 2 章中，基于耐药菌和敏感菌的基因特征提出一个由有益菌、致病敏感菌和致病耐药菌组成的三维菌群动力学模型，通过定性理论分析结合数值模拟深入探索耐药性形成机制并分析了一些影响耐药性形成的关键因素。

在第 3 章中，通过构建不同粪菌模型探索了粪菌移植的根本机制以及在对抗耐药性中的有效性。基于数值模拟分析了影响粪菌移植的关键因素并预测了提前使用粪菌移植的好处。

在第 4 章中，采用分段线性函数近似处理非线性的 ODE 系统为分段线性近似系统进而从理论上给出了第 2 章提出的模型产生三类非孤立平衡点的充分条件并采用定性理论分析证明了这些非孤立点的稳定性。此外，在持续加药系统中，理论上证明了系统参数满足特定条件时，系统形成耐药性和不形成耐药性这两种特殊情况，进而从理论上解释了持续用药系统中如果只存在稳定的生病态，则系统一定会暴发耐药性；而如果系统只有稳定健康态则一定不形成耐药性。

本书的研究意义主要是提出了一个合理的菌群动力学模型。一方面可以直观深入阐明耐药性形成机制及粪菌移植有效的根本机制；另一方面，为延缓耐药性的形成给出了有效的理论指导，并为临床推广使用粪菌移植结合药物治疗提供了坚实的理论支撑。

第2章　肠道菌群中抗生素耐药性问题

2.1　模型的构造

人体肠道内的肠道微生物群落是一个对人类健康至关重要且非常复杂的生态系统。本章主要感兴趣的是由菌群组成状态的改变而引发的耐药性及其形成机制。为此，将肠道菌群中的微生物分成敏感致病菌、耐药致病菌以及有益菌这三大类，并探索了这三大类微生物对单一抗生素的抵抗性。

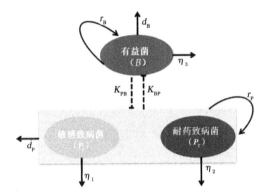

图 2-1　肠道菌群共生系统中三类菌种间的相互作用调控图

其中，包括敏感致病菌 P_S（橘色），耐药致病菌 P_T（红色）和有益菌 B（蓝色）。r_P 和 r_B 分别代表致病菌与有益菌的繁殖率；d_P 和 d_B 分别代表致病菌与有益菌的死亡率。菌种内部存在对相同资源的竞争，致病菌和有益菌对自身繁殖都有抑制作用。与此同时，致病菌与有益菌也会通过分泌物来抑制对方的生长及繁殖，即种间抑制作用，分别用 k_{BP}（致病菌对有益菌的最大抑制系数）和 k_{PB}（有益菌对致病菌的最大抑制系数）表示。

本书采用广义的 L-V 方程建立了一个具有外界扰动（即抗生素）作用项且依赖时间的生态动力学模型。已有实验研究显示，细菌的生长和繁殖易受到有限资源及环境变化等因素的限制。最终将会趋于饱和[83-87]。于是，引入 Logistics 方程来刻画各类细菌在有限资源下的生长模式。有关微生物相互作用的相关研究显示，有益菌可以通过分泌细菌素或琥珀酸等物质来抑制致病菌孢子的形成，从而有效抑制致病菌的繁殖；反过来，致病菌也会分泌各种毒素来消灭有益菌[88-91]。综合这些已有的实验现象，建立了一个致病菌和有益菌种间相互抑制的菌群动力学模型，见调控图 2-1。此外，还进一步考虑了敏感致病菌和耐药致病菌之间的资源竞争及其对抗生素的不同抵抗性。其中，用 $P_S(t)$、$P_T(t)$ 和 $B(t)$ 分别表示在 t 时刻肠道内敏感病原体、耐药病原体以及有益菌的数量。方程（2-1）—（2-3）给出了有益菌、敏感病原体和耐药病原体所组成的菌群动力学系统。

$$\begin{cases} \dfrac{dP_S}{dt} = r_P(1 - \dfrac{k_1 P_S + k_2 P_T}{K_P})P_S - k_{PB}\dfrac{B^2}{B^2 + a^2}P_S - d_P P_S & (2\text{-}1) \\[3mm] \dfrac{dP_T}{dt} = r_P(1 - \dfrac{k_1 P_S + k_2 P_T}{K_P})P_T - k_{PB}\dfrac{B^2}{B^2 + a^2}P_T - d_P P_T & (2\text{-}2) \\[3mm] \dfrac{dB}{dt} = r_B(1 - \dfrac{B}{K_B})B - k_{PB}\dfrac{(k_1 P_S + k_2 P_T)^2}{(k_1 P_S + k_2 P_T)^2 + b^2}B - d_B B & (2\text{-}3) \end{cases}$$

其中，r_i 和 d_i 分别（其中 $i = S$，T 或 B）表示菌种 i 的繁殖率及其自然死亡率。

上述模型主要基于耐药致病菌和敏感致病菌的基因特征所构建。事实上，目前导致细菌产生耐药性的方式主要有两种。一种即由致病菌自身的基因特征所引起的，因此，也被称为固有耐药性或天然耐药性；另一种即受抗生素影响，将通过改变代谢途径来维持自身生存，这种类型的耐药性称为获得性耐药或选择性耐药。大多数有关耐药性问题的模型研究考虑了第二种类型，即考虑了耐药基因的突变或水平转移[69,85,95]。而我们这里讨论第一种情形，即自身基因特征所引起的耐药性问题。而这类耐药致病菌仅仅是基因位点上的少数耐药决定区不同于敏感致病菌。这一不同在本书模型中，仅仅表现为不同菌种对抗生素的抵抗性（模型中用抗生素的杀菌率表示）不同，而对其他方面影响较少。这一情形已被学者们采用深度测序技术在许多情形下得到证实[96,97]。例如，mecA 是耐甲氧西林金黄色葡萄球菌的耐药基因。来自同源耐药菌株的 mecA，其 DNA 序列显示，这种耐药性源于启动子-10 共体（TATATT）中一个位点的突变，即敏感菌株的胸腺嘧啶残基（即 Tnt1577）被耐药菌株（即 Ant1577）的腺嘌呤取代[96]。此外，NDM-1 是对除单环 β-内酰胺类之外的 β-内酰胺类抗生素都具有耐药性的耐药基因。Stephan Gottig 等学者利用一个体外感染模型研究了表达耐药基因 NDM-1 的 E. coli 及其同源控制组的生长动力学[97]。结果显示，它们之间没有明显的生长差异。因此，在本书的模型中，两类致病菌的相关参数除种内竞争系数 k_1 和 k_2 以及抗生素的杀菌率（η_1 和

η_2）不同之外，其余参数的取值都相同。

方便起见，使用 r_P 和 d_P 来表示敏感致病菌或耐药致病菌的繁殖率及综合死亡率（即由免疫反应和随粪便排出而产生的死亡率）。K_P 和 K_B 分别为致病菌和有益菌的最大环境容纳量。k_1 和 k_2 表示这两类病原体的种间竞争强度，因为它们将会竞争相同的资源，如营养底物或生存空间等。方程组括号中的项表示每类菌群自身的生长及繁殖受最大种群规模 K_P 和 K_B 的限制。病原体和有益菌的种间抑制作用将主要通过彼此的分泌物或通过激活宿主的免疫系统来调节。这类抑制作用在模型中将用单调递增的希尔函数来刻画并且对应于调控图 2-1 中的虚线。希尔函数中的最大抑制系数 k_{PB}（或 k_{BP}）表示致病菌（或有益菌）由于有益菌（致病菌）的分泌物细菌素（毒素）而产生的抑制作用，a（b）表示有益菌（致病菌）对致病菌（有益菌）的抑制强度达最大抑制强度的一半时，有益菌（致病菌）的菌种数量。我们的模型中希尔系数为 2。

在抗生素治疗阶段，抗生素的介入在我们的模型中将会导致不同菌种的死亡率有所增加。已有许多文献研究显示，耐药致病菌可以通过如下方式，如改变细胞膜的通透性，改变宿主体内蛋白结构来抑制抗生素与致病菌结合，或通过分泌一些蛋白水解酶来分解抗生素等方式来削弱抗生素真正的杀菌活性。因此，模型中将假设抗生素对每类菌种的杀菌率都不相同，其中 η_1，η_2 和 η_3 分别表示单一抗生素对敏感致病菌、耐药致病菌以及有益菌的杀菌率强度。

2.2　数值模拟再现已有实验现象

我们首先检验模型是否可以合理再现临床上的实验现象。即宿主接受多次抗生素治疗后产生耐药性感染并且这种感染接受粪菌移植后可以有效治疗这两种临床现象。为此，在这一小节我们将模拟再现患者健康—生病—治疗—康复这样一个完整的生理过程。这一生理过程中的四个不同阶段将通过调节特定参数的不同取值来实现。为了保证调节参数的同时还能够更加合理地再现模型所刻画的这四个不同的生理阶段，将用不同的生长率或杀菌率来刻画健康阶段、生病阶段、治疗阶段及康复阶段。我们假设抗生素摄入一段时间后药物对各类菌种的杀菌活性将会消失。因此，在健康（康复）阶段，我们设置方程中抗生素的杀菌率都为零。在感染阶段，通过增加致病菌的繁殖率 r_P 来描述致病菌的过度繁殖过程。因为已有文献研究显示，已感染特定疾病的患者，其体内致病菌的数量远高于健康宿主体内致病菌的数量[98-100]。在抗生素治疗阶段，我们用非零的杀菌率来表示抗生素的杀菌效果。在康复阶段我们将采用和健康阶段相同的参数来刻画宿主体内的菌群逐渐实现自我修复的过程（即，菌群组成结构的自我修复力）。如果宿主感染耐药性疾病，将采取粪菌移植来进行治疗。这里，我们将引入粪菌移植的幸存率系数 k（$0<k<1$）来刻画粪菌移植的疗效。例如，假设粪菌移植前患者体内菌群组成状态为（P_S，P_T，B），来自健康捐赠者体内的粪菌组成状态为（P_{Sh}，P_{Th}，B_h）。那么，在我们的系统中粪菌移植即：患者的菌群组成状态将从（P_S，P_T，B）变为（$kP_{Sh}+P_S$，$kP_{Th}+P_T$，kB_h+B）。

附录I中表 5-1 整理 ODE 系统（2-1～2-3）中的所有参数，表示的生物意义以及不同生理阶段对应参数取值。由于我们模型中敏感致病菌群，耐药致病菌群以及有益菌群都是许多菌种组成的一个复杂菌群。因此，我们构建的三维菌群动力学模型是整个复杂肠道微生物群落高度简化的定性模型。而模型中的参数取值无法取自已有的实验数据。这些参数的具体取值，仅用来帮助我们直观再现临床现象的同时，帮助我们揭示耐药性形成机制以及粪菌移植的起效机制。

许多临床及实验研究表明，宿主体内菌群组成状态在不同生理状态下有着明显的不同。因此，我们将用体内菌群中致病菌的总量（即敏感致病菌和耐药致病菌的加权总量）随时间动态演化过程来刻画宿主的多个完整的生理过程（见图 2-2a）。其中，每个完整的生理过程由健康阶段、生病阶段、治疗阶段以及康复阶段所组成。

我们首先结合图 2-2a 详细介绍一个完整的生理过程。在健康阶段，体内菌群共生系统中致病菌一直维持在一个相对较低的水平（即从-7 d 到 0 d，见图 2-2 中蓝色的曲线）。在生病期间致病菌的数量会有一个明显上升的过程，在模型中将用致病菌过度繁殖来刻画，即致病菌的繁殖率由 r_P 变为 $1.32\times r_P$。从图 2-2 中也可以直观看到致病菌的数量在持续上升（红色的线），上升到一定水平后病症显象出来。因此，在持续感染 3 d 后及时给予药物治疗，系统进入药物治疗阶段。随着药物摄入，致病菌数量开始迅速下降（天蓝色的线）。这里我们定义 3 d 的用药疗程为"常规治疗"，因为已有临床研究显示，大多数常见的感染不需要治疗或者至多 3 d 药物治疗定足以治愈[101,102]。这里在药物治疗阶段，我们引进药物作用效果（即非零 η_1，η_2 和 η_3 ）到系统中来有效抑制致病菌的过度繁殖及生长。与此同时，我们假设随着药物的摄入，致病菌的繁殖率被有效抑制并恢复到正常水平（r_P）。随着抗生素的摄入，致病菌的总量开始减少，并且最终下降到一个相对低的水平。在我们的模型中，从第 6d 开始系统进入自我修复阶段并随后慢慢康复。在康复阶段药物已经撤销，因此，药物的杀菌率都为零。

正如图 2-2a 的模型结果所示，患者接受前 15 次抗生素治疗后都可以渐渐康复。但是在第 16 次生病后 3 d 的常规治疗失败，致病菌的总量最终稳定向较高水平，即意味着菌群共生系统对该药物形成了耐药性。由此可知，我们的模型可以有效地再现临床上发生的耐药性现象。

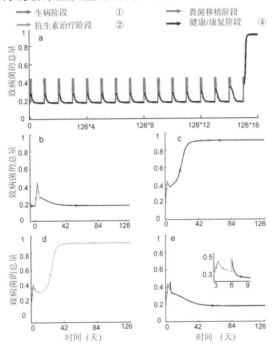

图 2-2　模拟再现宿主健康—生病—治疗—康复的完整生理过程

a. 前 16 次完整生理过程；b. 首次生病采用 3 d 药物治疗；c. 第 16 次生病采用 3 d 药物治疗；d. 第 16 次生病采用永久药物治疗；e. 第 16 次生病采用粪菌移植结合药物治疗。其中一个完整的生理过程为期 126 d，即 3 d 生病，3 d 抗生素治疗和 120 d 的康复期。

　　为了直观再现每次治疗的效果，我们进一步放大了首次生病及第 16 次生病相应的生病—治疗过程。这里我们用蓝色背景表示首次生病，橙色表示第 16 次生病。首次抗生素治疗后致病菌的数量迅速下降到较低水平随后稳定向健康态（见图 2-2b），这就是一次完整的健康—生病—治疗—康复过程。病人第 16 次感染后接受了相同的药物治疗，但是致病菌的数量在撤销药物后出现反弹，最终稳定向较高水平（见图 2-2c），即本次治疗未能有效阻止感染。第 16 次常规治疗失败显示，肠道菌群共生系统可能已经形成耐药性或"伪耐药性"（即有可能是服药时间过短导致治疗失败）。

　　为了排除伪耐药性的可能性，我们进一步模拟了第 16 次生病后采用长期药物治疗的效果。结果显示，即使采用永久性药物治疗，致病菌的数量仍然会反弹，最终稳定向较高水平，即永久性药物治疗也宣布失败。综合常规治疗和永久治疗的治疗效果，我们可以断定，在第 16 次生病后肠道内菌群已经对这种药物形成永久耐药性。

　　在确认第 16 次感染已经是耐药性感染之后，我们进一步模拟了新型疗法，即 3 d 药物治疗辅以粪菌移植相应治疗效果。结果证明，致病菌的数量最终稳定向较低水平（见图 2-2e）。我们局部放大治疗阶段的时间演化曲线后可以看到：致病菌的加权总量在摄入药物后轻微地有所下降，随着捐赠者粪菌的注入迅速上升到了一个更高水平，如图 2-2e 中绿色的线所示；但是随后开始迅速下降并且最终稳定向致病菌总量较低水平。由此可见，我们的模型中的确可以再现粪菌移植有效治疗耐药性感染这一现象。但是有关粪菌移植在治疗耐药性感染中的起效机制，以及影响该治疗方案的关键因子将在第 3 章中详细展开介绍。

　　上述这些模拟结果同已有的临床现象以及小鼠模型中观察到的实验现象相一致[53−55]。如 Ji 等学者从基因水平采用欧几里得层次聚类方法研究发现，抗生素预处理后小鼠体内耐药致病菌的数量明显增加，但是在执行粪菌移植后被有效消除，详见文献 [56] 中的图 3。因此，我们的模型被很好地证实是合理的，并且该模型可以被用来探索耐药性形成的机制以及 FMT 的治疗效果。

2.3　探索耐药性的形成机制

这一小节，我们将简要分析系统的动力学行为并借助系统结构特点来分析耐药性形成机制。为了方便进行参数分析，我们将系统（2-1—2-3）采用如下变换：

$$x = \frac{P_S}{K_P} \tag{2-4}$$

$$y = \frac{P_T}{K_P} \tag{2-5}$$

$$z = \frac{B}{K_B} \tag{2-6}$$

进行无量纲化，并引入新的参数 $a = \dfrac{a}{K_B}, b = \dfrac{b}{K_P}$ 进一步整理化简得到无量纲化系统

$$\frac{dx(t)}{dt} = r_P[1 - (k_1 x + k_2 y)]x - k_{PB}\frac{z^2}{z^2 + a^2}x - (d_P + \eta_1)x \tag{2-7}$$

$$\frac{dy(t)}{dt} = r_P[1 - (k_1 x + k_2 y)]y - k_{PB}\frac{z^2}{z^2 + a^2}y - (d_P + \eta_2)y \tag{2-8}$$

$$\frac{dz(t)}{dt} = r_B(1 - z)z - k_{PB}\frac{(k_1 x + k_2 y)^2}{(k_1 x + k_2 y)^2 + b^2}z - (d_B + \eta_3)z \tag{2-9}$$

考虑到三维系统（2-7—2-9）在没有抗生素作用时（即 $\eta_1 = \eta_2 = \eta_3 = 0$），即系统

$$\frac{dx(t)}{dt} = r_P[1 - (k_1 x + k_2 y)]x - k_{PB}\frac{z^2}{z^2 + a^2}x - d_P x \tag{2-10}$$

$$\frac{dy(t)}{dt} = r_P[1 - (k_1 x + k_2 y)]y - k_{PB}\frac{z^2}{z^2 + a^2}y - d_P y \tag{2-11}$$

$$\frac{dz(t)}{dt} = r_B(1 - z)z - k_{PB}\frac{(k_1 x + k_2 y)^2}{(k_1 x + k_2 y)^2 + b^2}z - d_B z \tag{2-12}$$

中敏感致病菌和耐药致病菌从相同初值出发时有完全相同的时间演化轨迹。因此，我们引入一个新的变量 P 来表示敏感致病菌和耐药致病菌的加权总量，其中 $P = k_1 x + k_2 y$，从而将系统（2-10—2-12）等价降维为二维系统（2-13—2-14）。

$$
\begin{cases}
\dfrac{\mathrm{d}P(t)}{\mathrm{d}t} = r_{\mathrm{P}}(1-P)P - k_{\mathrm{PB}}\dfrac{z^2}{z^2+a^2}P - d_{\mathrm{P}}P & (2\text{-}13) \\[3mm]
\dfrac{\mathrm{d}z(t)}{\mathrm{d}t} = r_{\mathrm{B}}(1-z)z - k_{\mathrm{PB}}\dfrac{P^2}{P^2+b^2}z - d_{\mathrm{B}}z & (2\text{-}14)
\end{cases}
$$

2.3.1 菌群共生系统的定性分析

下面，我们分别对系统（2-13—2-14）和系统（2-10—2-12）进行定性理论分析。

2.3.1.1 基本性质

系统（2-13—2-14）描述了健康人体内菌群共生系统在没有外界扰动作用时在某一区内的动力学行为。从生物学的角度考虑，方程组（2-13—2-14）被限制在可行域 $\Omega_2 = \{(P(t),z(t))\in R^{2+}: P(t)<\dfrac{r_{\mathrm{P}}-d_{\mathrm{P}}}{r_{\mathrm{P}}}, z(t)<\dfrac{r_{\mathrm{B}}-d_{\mathrm{B}}}{r_{\mathrm{B}}}\}$ 下且初值满足 $P(0)\geqslant 0$，$z(0)\geqslant 0$。

下面我们先给出系统（2-13—2-14）的基本性质。

引理 1　满足初始条件 $P(0)\geqslant 0, z(0)\geqslant 0$ 的系统（2-13—2-14）的可行域 Ω_2 是正不变集。

证明：方程

$$
\frac{\mathrm{d}P(t)}{\mathrm{d}t} = r_{\mathrm{P}}(1-P)P - k_{\mathrm{PB}}\frac{z^2}{z^2+a^2}P - d_{\mathrm{P}}P \leqslant r_{\mathrm{P}}(1-P) - d_{\mathrm{P}}P
$$

$$
\frac{\mathrm{d}z(t)}{\mathrm{d}t} = r_{\mathrm{B}}(1-z)z - k_{\mathrm{PB}}\frac{P^2}{P^2+b^2}z - d_{\mathrm{B}}z \leqslant r_{\mathrm{B}}(1-z)z - d_{\mathrm{B}}z
$$

从而可以得到：

$$
0\leqslant P(t)\leqslant \frac{\dfrac{r_{\mathrm{P}}-d_{\mathrm{P}}}{r_{\mathrm{P}}}}{1-C_1 e^{-(r_{\mathrm{P}}-d_{\mathrm{P}})t}},
$$

$$
0\leqslant B(t)\leqslant \frac{\dfrac{r_{\mathrm{B}}-d_{\mathrm{B}}}{r_{\mathrm{B}}}}{1-C_2 e^{-(r_{\mathrm{B}}-d_{\mathrm{B}})t}}\text{。}
$$

其中，C_1, C_2 为常数。故有

$$
\limsup_{t\to 0} P(t)\leqslant \frac{r_{\mathrm{P}}-d_{\mathrm{P}}}{r_{\mathrm{P}}};
$$

$$
\limsup_{t\to 0} B(t)\leqslant \frac{r_{\mathrm{B}}-d_{\mathrm{B}}}{r_{\mathrm{B}}}\text{。}
$$

因此，系统（2-13—2-14）的可行域 Ω_2 是正不变集。得证。

类似地，我们可以得到三维系统（2-10—2-12）的可行域即正不变集

$$\Omega_3 = \{(x(t),y(t),z(t)) \in R^{3+} : k_1 x(t) + k_2 y(t) < \frac{r_P - d_P}{r_P}, z(t) < \frac{r_B - d_B}{r_B}\}。$$

2.3.1.2　二维系统平衡点的存在性及稳定性分析

下面，在可行域 Ω_2 中讨论系统（2-13—2-14）平衡点的存在性及稳定性。

容易得到，系统（2-13—2-14）在坐标轴上的平衡点 $P_{10}(\frac{r_P - d_P}{r_P},0)$，

$P_{01}(0,\frac{r_B - d_B}{r_B})$ 和 $P_0(0,0)$ 一直都存在。下面讨论系统在第一象限内的平衡点可能情形。致病菌等倾线和有益菌等倾线分别如下：

$$l_P : r_P(1-P)P - k_{PB}\frac{z^2}{z^2 + a^2}P - d_P P = 0$$

$$l_z : r_B(1-z)z - k_{PB}\frac{P^2}{P^2 + b^2}z - d_B z = 0$$

系统在第一象限内奇点，即这两条等倾线的交点。为此，我们首先将等倾线 l_P 和 l_z 变形为：

$$l_P : z = \sqrt{\frac{M_1 - Pa^2}{P - M_2}}$$

$$l_z : z = \frac{N_1 + N_2 P^2}{P^2 + b^2}$$

在这里，

$$M_1 = a^2 \frac{r_P - d_P}{r_P}; M_2 = \frac{r_P - d_P - k_{PB}}{r_P};$$

$$N_1 = b^2 \frac{r_B - d_B}{r_B}; N_2 = \frac{r_B - d_B - k_{BP}}{r_B}。$$

为了便于表示，我们记函数

$$F(P) = \sqrt{\frac{M_1 - Pa^2}{P - M_2}}; G(P) = \frac{N_1 + N_2 P^2}{P^2 + b^2}$$

我们将借助这两条等倾线上拐点的相对位置来判定这两条曲线的交点。为此，我们先计算了函数 $F(P)$ 和函数 $G(P)$ 分别在定义域 $(0,\frac{r_P - d_P}{r_P})$ 和 $(0,\frac{r_B - d_B}{r_B})$ 上的一阶导函数和二阶导函数。

经计算可得：

$$F'(P) = \frac{M_2 a^2 - M_1}{2\sqrt{(P - M_2)^3 (M_1 - Pa^2)}};$$

$$G'(P) = \frac{2P(b^2 N_2 - N_1)}{(P^2 + b^2)^2}.$$

再次求导可得：

$$F''(P) = \frac{a^2 (M_2 a^2 - M_1)(M_2 a^2 + 3M_1 - 4a^2 P)}{2\sqrt{4 (P - M_2)^5 (M_1 - Pa^2)^2}};$$

$$G''(P) = \frac{2(b^2 N_2 - N_1)(b^2 - 3P^2)}{(P^2 + b^2)^3}.$$

令函数 $F''(P) = 0$ 可得，$P = \dfrac{M_2 a^2 + 3M_1}{4a^2}$ 处是曲线 l_P 拐点的横坐标。

同理，由 $G''(P) = 0$ 可得，$P = \dfrac{b^2}{3}$ 处是曲线 l_z 拐点的横坐标。那么曲线 l_P 的拐点 $A^* \left(\dfrac{M_2 a^2 + 3M_1}{4a^2}, \dfrac{a^2}{3} \right)$；曲线 l_z 的拐点为 $B^* \left(\dfrac{b^2}{3}, \dfrac{N_2 b^2 + 3N_1}{4b^2} \right)$。此外，曲线 l_P 一定过点 $A_1 \left(\dfrac{M_1}{a^2}, 0 \right)$；曲线 l_z 一定过点 $B_1 \left(0, \dfrac{N_1}{b^2} \right)$。

图 2-3 中，我们给出系统等倾线分别有 1 个交点，两个交点和 3 个交点的情形。

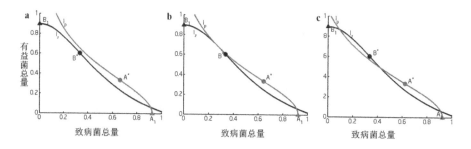

图 2-3　两等倾线在可行域 Ω_2 内分别有 1 个交点、2 个交点和 3 个交点的情形。

其中，蓝色表示有益菌等倾线；红色表示致病菌等倾线

固定 $r_P = 0.664$，$a = 0.58$，$d_P = 0.0501$，$r_B = 0.718$，$b = 0.58$，$d_B = 0.075\,1$，$k_{BP} = 0.84$。即固定有益菌的等倾线（即蓝色曲线 l_z）。不同参数 k_{BP} 下相应致病菌等倾线 l_P 发生变化时系统至少产生 1 个交点也可能产生 3 个交

点。三角形分别表现两等倾线必过的最低点 A_1 和最高点 B_1；圆点表示两等倾线的拐点。图 2-3 中从左到右 k_{BP} 依次分别取：0.7，0.744 365 5，0.8。图 2-3a 中两等倾线只有 1 个交点。图 2-3b 为两等倾线有两个交点的情形。图 2-3c 为两等倾线有 3 个交点的情形。

结合图 2-3 中两等倾线上特殊点的相对位置（见图 2-3），我们给出如下定理 2.1 和定理 2.2。

定理 2.1　系统（2-13—2-14）中非负参数满足不等式 $r_P > d_P$ 和 $r_B > d_B$ 时，平衡点 $P_{10}(\dfrac{r_P - d_P}{r_P}, 0)$，$P_{01}(0, \dfrac{r_B - d_B}{r_B})$ 和 $P_0(0, 0)$ 一直存在。

定理 2.2　系统（2-13—2-14）中非负参数满足如下不等式组

$$\Gamma_1 = \begin{cases} a^2 > \dfrac{(k_{PB} - r_P + d_P)(r_B - d_B)^2}{(r_P - d_P)r_B^{\,2}} & (2\text{-}15) \\[3mm] b^2 > \dfrac{(k_{BP} - r_B + d_B)(r_P - d_P)^2}{(r_B - d_B)r_P^{\,2}} & (2\text{-}16) \\[3mm] r_B > d_B & (2\text{-}17) \\[3mm] r_P > d_P & (2\text{-}18) \end{cases}$$

时，下面结论成立：

（1）平衡点 $P_{10}(\dfrac{r_P - d_P}{r_P}, 0)$，$P_1(0, \dfrac{r_B - d_B}{r_B})$ 和 $P_0(0, 0)$ 均不稳定。

（2）在第一象限内至少有 1 个平衡点。

证明：系统在各平衡点处的雅克比分别为：

$$J(P_0) = \begin{bmatrix} r_P - d_P & 0 \\ 0 & r_B - d_B \end{bmatrix}$$

$$J(P_{01}) = \begin{bmatrix} r_P - d_P - k_{PB}\dfrac{\left(\dfrac{r_B - d_B}{r_B}\right)^2}{a^2 + \left(\dfrac{r_B - d_B}{r_B}\right)^2} & 0 \\ 0 & -(r_B - d_B) \end{bmatrix}$$

$$J(P_{10}) = \begin{bmatrix} -(r_P - d_P) & 0 \\ 0 & r_B - d_B - k_{BP}\dfrac{\left(\dfrac{r_P - d_P}{r_P}\right)^2}{b^2 + \left(\dfrac{r_P - d_P}{r_P}\right)^2} \end{bmatrix}$$

不等式（2-15）经等价变形可得：

$$r_P - d_P - k_{PB} \frac{(\frac{r_B - d_B}{r_B})^2}{a^2 + (\frac{r_B - d_B}{r_B})^2} > 0$$

不等式（2-16）经等价变形可得：

$$r_B - d_B - k_{BP} \frac{(\frac{r_P - d_P}{r_P})^2}{b^2 + (\frac{r_P - d_P}{r_P})^2} > 0$$

故平衡点 $P_{10}(\frac{r_P - d_P}{r_P}, 0)$，$P_{01}(0, \frac{r_B - d_B}{r_B})$ 和 $P_0(0,0)$ 存在但不稳定。得证

此外，不等式（2-15）成立等价于点 B_1 在等倾线 l_P 之下；

不等式（2-16）成立等价于点 A_1 在等倾线 l_z 之下，故这两条等倾线至少存在 1 个交点，我们记这类平衡点为 $P^*(x^*, z^*)$。结论（2）成立。

下面对 $P^*(x^*, z^*)$ 这类平衡点的稳定性进行简单分析。

$$J(P)^* = \begin{bmatrix} -r_P x^* & -2k_{PB} x^* z^* \frac{a^2}{(a^2 + z^*)^2} \\ -2k_{BP} x^* z^* \frac{b^2}{(b^2 + x^*)^2} & -r_B z^* \end{bmatrix}$$

从而我们得到其相应特征方程：

$$(\lambda + r_P x^*)(\lambda + r_B z^*) - 4k_{PB} k_{BP} x^{*2} z^{*2} \frac{a^2 b^2}{(a^2 + z^*)^2 (b^2 + x^*)^2} = 0$$

而 x^*, z^* 并未找到相应的具体表达式，因此，这一章中这类平衡点的稳定性我们仅能用 Matlab 进行数值计算。有关这类平衡的稳定性分析将在第 4 章分段线性近似系统中得到补充，详见定理 4.2 及定理 4.3。

实际上，在一定参数范围内，系统在第一象限存在两个稳定平衡态（双稳现象）和 1 个不稳定态。在附录 I 中的表 5-1 所列参数取值下，通过 Matlab 数值可以计算得到：3 个位于坐标轴的平衡点 P_0，P_{01} 和 P_{30} 以及位于第一象限的 3 个平衡点 P_1，P_2 和 P_3 的相应具体位置（见图 2-4a）。根据定理 2.2 可知，坐标轴上的平衡点 P_0，P_1 和 P_{30} 均不稳定。在这里，我们主要关注平衡点 P_1，P_2 和 P_3 的稳定性。经数值计算可知，平衡点 P_1 和 P_3 处的特征根都具有两个负实根，因此，这两个平衡点是局部渐近稳定的；而点 P_2 处特征根为一对异号实根，因此该平衡点为不稳定鞍点（用空心点表示）。

　　进一步观察稳定平衡态 P_1 和 P_3 中系统菌群组成状态发现，点 P_1 中的有益菌总量远高于 P_3 状态下；致病菌的总量远低于 P_3 状态下。已有研究指出，宿主在感染疾病期间，其体内有益菌的数量会明显减少，而致病菌的数量会明显增加[98]。例如，肠炎患者体内大多数菌种的数量均有所减少。特别地，有抗炎功能的菌种，其数量相对于健康宿主体内明显减少。也有临床数据调查显示，溃疡性结肠炎患者肠黏膜中双歧杆菌的数量明显减少[103]。而那些拟杆菌类，特别是普通拟杆菌的数量明显上升[104]。因此，我们将 P_1 称为稳定健康态（蓝色实点），即表示健康宿主体内菌群组成结构基本稳定时的水平；将 P_3 称为稳定生病态（红色实点），即表示宿主体内菌群失调状态稳定时的组成结构。由此可见，系统（2-13—2-14）在表格 5-1 的参数下的确是一个位于第一象限的双稳系统。为了确定健康态 P_1 和生病态 P_3 的吸引域，我们过不稳定鞍点 P_2 得到稳定流形 m_1（黑绝虚线）。该流形将第一象限分成两个区域 R_1（健康态的吸引域）和 R_2（生病态的吸引域）。进一步，我们在区域 R_1 任取四点作为初值，来观察其轨线变化趋势。从图中可以看到，足够长时间后，系统轨线都将吸引到健康态 P_1。从向量场图我们也可以看到，系统初值只要落在 R_1 区域，最终都会稳定向平衡点 P_1。类似地，我们在区域 R_2 中任取四点作为初值，经过一段时间后，系统轨线都将被生病态 P_3 所吸引。从向量场图也可以看到，系统初值只要落在 R_2 区域，最终都会收敛到平衡点 P_3。

　　事实上，这条稳定流形 m_1 也是自愈性疾病和非自愈性疾病的分界线（见图 2-4b 和 2-4c）。当肠道菌群内稳态系统遭受外界干扰，就会使得致病菌的数量有个短时间上升的过程。系统中用致病菌繁殖率增加来表示宿主处于感染阶段，即系统逐渐远离健康态 P_1（见图 2-4b 中红色曲线）。若感染持续的时间较短，从相图（见图 2-4b）上可以看到，感染 1 d 后系统轨线未能穿过稳定流形 m_1，仍留在 R_1 区域中。由于该区域中只有 1 个稳定的健康态 P_1，因此，经过一段时间后，系统一定会恢复（见图 2-4b 中蓝色曲线）。我们称这类疾病为自愈性疾病。若感染持续的时间较长，如图 2-4c，感染 3 d 后，致病菌的繁殖率才恢复到健康态水平，此时图 2-4c 中红色曲线可以看到，系统感染阶段相应轨线穿过流形进入 R_2 区域中。由于该区域是稳定生病态的吸引域，若不采取治疗，系统中将会收敛到该区域中唯一稳定的生病态。只有接受治疗，系统轨线才可能再次穿过流形，返回到健康态的吸引域中。因此，我们称这类疾病为非自愈性疾病。

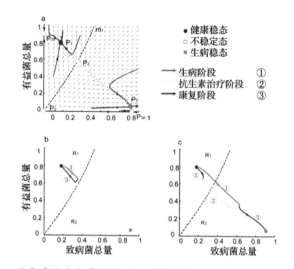

a. 双稳系统的向量场图；b. 自愈性疾病；c. 非自愈性疾病

图 2-4 系统（2-13—2-14）轨线图以及疾病类型

2.3.1.3 三维系统平衡点的存在性及稳定性分析

下面，在可行域 Ω_3 中讨论系统（2-10—2-12）平衡点的存在性及稳定性。

类似于等价二维系统（2-13—2-14）中的定理 2.1，我们可知二维系统中的部分平衡点在三维系统中是一条空间线段。例如，平衡点 $P_{10}\left(\dfrac{r_{\mathrm{P}} - d_{\mathrm{P}}}{r_{\mathrm{P}}}, 0\right)$ 在三维系统中实质上是空间线段

$$L_{10}: k_1 x + k_2 y = \frac{r_{\mathrm{P}} - d_{\mathrm{P}}}{r_{\mathrm{P}}}; z = 0; 0 \leqslant x \leqslant \frac{r_{\mathrm{P}} - d_{\mathrm{P}}}{k_1 r_{\mathrm{P}}}; 0 \leqslant y \leqslant \frac{r_{\mathrm{P}} - d_{\mathrm{P}}}{k_2 r_{\mathrm{P}}}。$$

系统（2-13—2-14）在第一象限内形如 $P^*(x^*, z^*)$ 的这类型平衡点在三维系统中也是空间线段，我们记为 $L_1: k_1 x + k_2 y = x^*; z = z^*; 0 \leqslant x \leqslant \dfrac{x^*}{k_1}$；$0 \leqslant y \leqslant \dfrac{x^*}{k_2}; 0 \leqslant z \leqslant z^*$。

结合上述分析及定理 2.2，我们可得到如下定理 2.3。

定理 2.3c 系统（2-10—2-12）中非负参数满足如下不等式组

$$\Gamma_1 = \begin{cases} a^2 > \dfrac{(k_{PB} - r_P + d_P)(r_B - d_B)^2}{(r_P - d_P)r_B{}^2} & (2\text{-}15) \\[4mm] b^2 > \dfrac{(k_{BP} - r_B + d_B)(r_P - d_P)^2}{(r_B - d_B)r_P{}^2} & (2\text{-}16) \\[4mm] r_B > d_B & (2\text{-}17) \\[2mm] r_P > d_P & (2\text{-}18) \end{cases}$$

时，下面结论成立：

（1）一定存在平衡点 $P_0(0,0,0)$ 和 $P_{001}\left(0,0,\dfrac{r_B - d_B}{r_B}\right)$ 且不稳定；以及落在空间

线段 $L_{10}: k_1 x + k_2 y = \dfrac{r_P - d_P}{r_P}; z = 0; 0 \leqslant x \leqslant \dfrac{r_P - d_P}{k_1 r_P}; 0 \leqslant y \leqslant \dfrac{r_P - d_P}{k_2 r_P}$

上的平衡点，这类型平衡点也不稳定。

（2）在第一象限内至少存在一类落在空间线段

$L_1: k_1 x + k_2 y = x^*; z = z^*; 0 \leqslant x \leqslant \dfrac{x^*}{k_1}; 0 \leqslant y \leqslant \dfrac{x^*}{k_2}$ 上的平衡点。

下面通过数值模拟检验上述定理的正确性。固定系统参数为表 5-1 中的取值，借助 Matlab 计算可知，系统在第一象限内存在落在三条空间线段

　$L_1: k_1 x + k_2 y = 0.177\ 25; z = 0.795\ 47; 0 \leqslant x \leqslant 0.354\ 5; 0 \leqslant y \leqslant 0.354\ 5;$

　$L_2: k_1 x + k_2 y = 0.352\ 76; z = 0.579\ 49; 0 \leqslant x \leqslant 0.704\ 52; 0 \leqslant y \leqslant 0.704\ 52;$

　$L_3: k_1 x + k_2 y = 0.911\ 3; z = 0.062\ 77; 0 \leqslant x \leqslant 1.822\ 6; 0 \leqslant y \leqslant 1.822\ 6$

上的三大类平衡点。进一步计算这三类平衡点处的雅可比矩阵可知，空间线段 L_1 和空间线段 L_3 上的所有平衡点处的特征值都具有两个负实根和 1 个零特征值。空间线段 L_2 的所有平衡点为不稳定平衡点。

这组参数下三维系统的整体动力学行为，见图 2-5。在三维系统中，空间线段 L_1 上（蓝色线段）的所有点都是具有两个负特征值和 1 个零特征值的健康态；空间线段 L_3 上（红色线段）的所有点都是具有两个负特征值和 1 个零特征值的生病态；空间线段 L_2 上（黑色虚线）的所有平衡点处都存在 1 个负特征根、1 个正特征根和 1 个零特征根。此外，过空间线段 L_2 上每个定态的不稳定流形构成 1 个曲面（见图 2-5 中黄色曲面），该曲面也是系统的 1 个分界面，将第一象限分为上下两部分。初值从分界面上方出发的所有轨线都将稳定向空间线段 L_1 上的某一健康态；初值从分界面下方出发的所有轨线都将稳定

向空间线段 L_3 上的某一生病态，如图 2-5 所示。

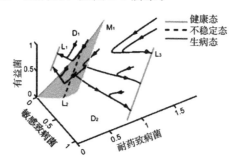

图 2-5 系统（2-10—2-12）不同初值
出发的三维系统的轨线图

红色线段上（L_3）所有生病平衡点都具有两个负实根和 1 个零特征根；蓝色线段（L_1）上所有健康平衡点都具有两个负实根和 1 个零特征；黑色虚线（L_2）上所有平衡点处存在 1 个正特征值，1 个负特征值和 1 个零根。黄色曲面（M_1）过所有不稳定鞍点（线段 L_2 上平衡点）处流形所组成曲面。

类似地，黄色的分界面也是自愈性疾病和非自愈性疾病的分界线。如果生病轨线没有穿过分界面，系统不需要治疗也可以返回空间线段 L_1 上，这类疾病即自愈性疾病。相反，如果系统在感染期间的轨线穿过分界面进入下方，这类疾病如果不接受治疗，最终将会被空间线段 L_3 上的某一生病态所吸引，这种疾病即非自愈性疾病。宿主一旦感染这类疾病必须及时接受治疗，使得系统轨线被推回分界面上方，在治疗结束后一段时间，系统轨线会被吸引到空间线段 L_1 上的某一健康态。

2.3.2 从稳态变化角度探索耐药性形成机制

上文中我们已经展示所研究的肠道菌群系统是一个含有两个稳定正平衡点和一个失稳正平衡点的双稳系统，并且这两个稳定平衡点的收敛域由一个稳定流形分开。基于上述理论分析，我们将在二维向平面以及三维相空间内研究耐药性形成的根本原因。

2.3.2.1 二维相平面内探索耐药性形成机制

我们首先在二维相图内探索了多次药物治疗及不同治疗策略对应菌群共生

系统带来的影响。我们使用致病菌和有益菌的瞬时演化轨迹分析了由感染、治疗和康复组成的 16 次完整的生病—治疗过程。

我们假设在生病过程中，致病菌的数量会有一个迅速上升的过程。许多研究已经表明，成年人体内菌群总体上是稳定的[28]。这对应于我们模型中健康成年人体内菌群组成状态一般都处于稳定健康态 P_1。但是外界的扰动，如个体生活方式的改变、环境变化、手术等都会不同程度破坏菌群组成结构的稳定性[27,105,106]。这将为致病菌的过度繁殖及生长创造有利条件。致病菌过度繁殖将使得致病菌数量迅速上升，相应地分泌的细菌毒素也会大量增加，进而将会大大地增强对有益菌的抑制作用，使得有益菌减少，即系统远离稳定健康态 P_1 的过程。这对应于图 2-6 中的生病阶段。抗生素的介入将会有效抑制致病菌的过度繁殖及生长。这一过程对应于治疗阶段，用天蓝色线表示（单纯的药物治疗）。系统状态在药物撤销后进入较长时间的自我修复阶段，即宿主康复阶段。

下面我们在图 2-6 内进一步观察了反复的药物治疗及不同的治疗策略对菌群共生系统中致病菌和有益菌组成结构带来的影响。分析发现，首次生病后单纯使用 3 d 药物治疗，系统轨线可以被推回到临界线之上，因此，在药物撤销后，系统轨线最终可以稳定向健康态（见图 2-6a）。类似地，前 15 次生病后 3 d 药物治疗都可以使得系统轨线从非自愈区被推回到自愈区。尽管随着药物使用次数的增加，所需完全康复的周期有所不同，但是一段时间后都可以返回到同一个健康态 P_1。但第 16 次生病后，同样是 3 d 药物治疗治疗系统轨线却未被推回自愈区 R_1（见图 2-6b 中天蓝色线②），仍在稳定生病态所在吸引域 R_2 中。因此，系统轨线最终将被稳定生病态 P_3 所吸引（见图 2-6b 中蓝色线①）。

鉴于临床上也有通过适当延长服药时长，实现有效治疗的案例。我们进一步模拟了第 16 次感染采用永久性药物治疗的治疗效果（见图 2-6c 中天蓝色线）。从图中我们可以看到，系统轨线始终都在非自愈区 R_2 中。因此延长服药时长系统轨线最终仍稳定向生病态（见图 2-6c 中天蓝色线）。这同我们理论分析的结果也相吻合，即药物治疗本质是推动系统轨线从非自愈区返回到自愈区，而自愈区只有 1 个健康稳态，因此，前 15 次生病—治疗后可以康复。但第 16 次生病后所采用的两种治疗都未使得系统轨线穿过临界线，即系统轨线始终都在非自愈区，而该区域内只有 1 个稳定生病态。因此，系统轨线终将稳

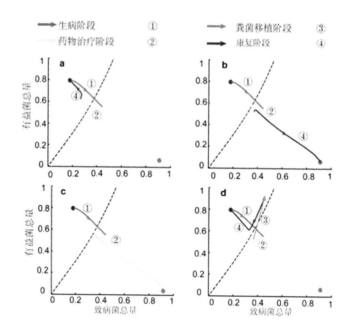

图 2-6　相平面内再现多个完整的生理过程

a. 首次感染接受 3 d 药物治疗；b. 第 16 次生病接受 3 d 药物治疗；c. 第 16 次
生病接受永久药物治疗；d. 第 16 次生病接受 3 d 药物治疗后接受一次粪菌移植

定向生病态。对比图 2-6b—2-6c 我们一方面可以排除第 16 次生病后常规治疗失败并非服药疗程过短所致，另一方面证实了第 16 次生病后无论是常规治疗还是永久治疗对应系统所暴露的耐药性是永久耐药性而非伪耐药性。在这里，我们定义：由于服药时长过短所导致治疗失败，但适当延长服药时长仍可治愈的现象为伪耐药性。反之，如果适当延长服药时长仍不可治愈，我们称这类耐药性为永久性耐药。与此同时，这也意味着随着抗生素的反复使用，被选择生存下来的菌种以耐药菌为主。

最后模拟了第 16 次感染采用粪菌移植结合药物治疗的效果。已有许多实验研究显示，粪菌移植或粪菌移植结合药物治疗、噬菌体疗法、光学疗法等可以有效对抗耐药菌或 "超级细菌" 引发的感染[32,55,107,108]。临床上，采用粪菌移植成功治疗的案例也已不胜枚举。因此，在我们的模型中，将改进常规治疗为 3 d 药物治疗结合粪菌移植（简称为 AT 疗法）来阻止第 16 次感染，见图 2-6d。同样的感染状态，早期接受 3 d 药物治疗，系统轨线仍未穿过临界线，但是执行粪菌移植后系统轨线被瞬时推回到自愈区（见图 2-6d 中绿色线），因此，系统轨线最终稳定向健康态（见图 2-6d 中蓝色线）。对比于第 16 次生病后分别采用常规治疗和持续药物治疗系统所暴露的耐药性，我们可以断定治疗结束时系统状态穿过临界线是导致系统轨线可以返回到健康态的根本原因，但同样的感染状态，同样采用 3 d 药物治疗，首次治疗后系统轨线可以穿过临界线，第 16 次治疗阶段的轨线却未能穿过临界线究竟是什么原因导致两次感染—治疗过程有如此大的差异仍未知。此外，实验中发现的类稳态现象在二维系统中也未观察到。

2.3.2.2　三维相空间内探索耐药性形成机制

在这一部分中，将从三维相空间内深入揭示耐药性形成的根本机制。

首先，在三维相空间内再现了 16 次完整的生病—治疗过程对应菌群组成状态的动态演化过程（见图 2-7a）。在这里，我们仅用第 1 次、第 10 次、第 12 次及第 15 次生病后药物有效治疗的完整轨线来简要刻画前 15 次有效治疗（见图 2-7a）。从图中可以明显看到前 15 次药物治疗后系统轨线都不同程度地穿过临界面 M_1。因此，最终系统轨线都可以返回到空间直线 L_1 上。更值得注意的是，我们还发现系统轨线每次康复后的状态都未返回到治疗前的状态而是稳定向直线 L_1 上的不同健康态。这就是许多文献中提到的"类稳态"现象，即随着抗生素的反复使用，系统每次康复后都稳定向不同于治疗前的 1 个新的状态[27,28]。这也意味着在抗生素撤销后，抗生素对菌群组成结构带来的影响仍持续存在。这同实验中发现的结果相一致[27,106]。如，跟踪调查服用过两个疗程环丙沙星的健康志愿者，这些人粪便中的菌群组成状态在停药 10 个月之后达到不同于治疗前的新状态。此外，有研究还发现，高剂量服用抗生素的患者，在其康复后体内致病耐药菌的数量会明显增加[109]。

在第 16 次感染后，无论是采用 3 d 药物治疗还是永久用药（即持续用药长达 4 个月）系统轨线始终都未穿过临界面 M_1，因此，这两种治疗对应轨线最终都稳定向空间线段 L_3（见图 2-7b－c）上的生病态。特别地，永久用药对应轨线稳定向比常规治疗更糟糕的一个生病态。但是第 16 次生病，采用 3 d 药物预处理结合 0.5 倍吸收率的粪菌移植后，相应系统轨线穿过了临界面且最终稳定到空间线段 L_1 上（见图 2-7d）。这里，粪菌移植结合 3 d 药物预处理在

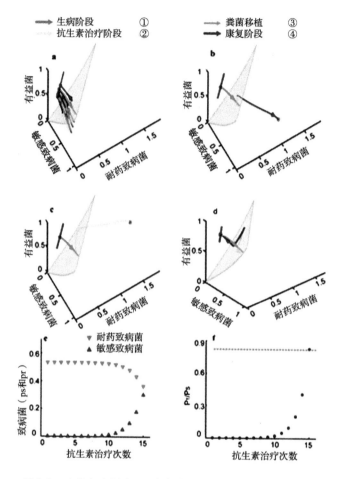

图 2-7　三维相空间内 16 次生病—治疗对应完整生理过程

a. 前 15 次接受常规治疗过程动态演化过程；b. 第 16 次感染接受 3 d 药物治疗；

c. 第 16 次感染接受永久药物治疗；d. 第 16 次感染接受 3 d 药物治疗结合一次粪菌移植；

e. 每次接受治疗后敏感致病菌和耐药致病菌的数量变化；

f. 每次接受治疗后耐药致病菌和敏感致病菌之比

对抗第 16 次感染中的有效机制将在第 3 章中进行深入分析。

为了更直观看到图 2-7a 中观察到的稳态平移现象，我们进一步从病原体组成角度观察了空间直线 L_1 上这些稳态的变化（见图 2-7e）。从图中可以看到，敏感病原体的数量随着抗生素的扰动在康复后的稳态中逐渐减少，而耐药菌的数量在逐渐增加。这种稳态的平移实质上是健康态中致病菌内部的组成结构正在发生微小变化。这种微妙变化正是导致耐药性形成的关键因素。此外，我们还进一步观察了耐药致病菌和敏感致病菌的比例变化（见图 2-7f）。从图中我们可以直观看到，随着抗生素的反复使用，每次有益治疗会使得耐药病原体相对于敏感病原体的比例逐渐增加，当比例累积超过某一阈值（红色虚线）时系统暴露耐药性。

这些模拟表明，抗生素摄入会永久性改变菌群组成结构，即随着抗生素使用病原体中耐药菌和敏感菌的比例会发生潜在微妙变化。这同已有的实验现象相一致，即抗生素摄入对菌群组成结构的影响会持续数年之久。抗生素撤销后宿主体内的菌群组成状态仅能修复到类似治疗前的一个新的状态[27,28]。这种比例变化会随着抗生素使用次数的增加而逐渐累积，即推动菌群组成状态朝耐药致病菌增加的方向移动。当初始菌群组成状态中致病菌内部敏感菌和耐药菌之比超过某一临界阈值时，外界某种扰动促使系统感染状态一旦穿过临界线，则系统暴发耐药性感染。因此，耐药性感染的产生机制即感染状态中耐药致病菌和敏感致病菌的比例超过了耐药性暴发的临界阈值，从而促使菌群共生系统暴露了耐药性。这一阈值充当了耐药性暴露与否的开关转换器。从数学模型的角度，耐药性暴发实质是系统状态在药物作用下始终未能穿过临界线进入健康态所在的吸引域。

2.4　影响耐药性形成的关键因素

事实上，菌群共生系统中的有益菌或致病菌的繁殖能力，菌群内部组成结构以及种间相互抑制作用等因素对系统耐药性的发展也有非常重要的作用。外界扰动，特别是抗生素的过量使用将会支撑耐药菌的生长。已有许多数据调查显示大量减少农业中抗生素的使用会大幅度降低当地耐药性的暴发率[110]。因此，在这部分，我们将从肠道内环境以及不同外界刺激这两个方面分别探索影响耐药性的一些主要因素。

2.4.1　影响耐药性形成的内在因素

在前面耐药机制的分析中，我们已经发现，病原体中耐药菌和敏感菌的比例是决定菌群共生系统是否会暴发耐药性的核心因素。因此，我们首先分析了初始病原体组成结构对耐药性形成的影响。我们将用 3 d 药物治疗下系统首次表现出耐药性（即 3 d 药物治疗失败）前总的有效治疗次数来预测病原体组成结构不同的宿主，其体内菌群组成形成耐药性的速度。如图 2-8a，其中，横坐标表示首次用药前宿主体内敏感致病菌和耐药致病菌的比例，纵坐标表示形成耐药性前总的有效治疗次数。从图中我们可以看到，当敏感菌和耐药菌的初始比例较低时，药物在首次治疗中就会出现耐药性，即图 2-8a 中灰色区域。当敏感菌和耐药菌的初始比例较高时，总的有效治疗次数随敏感菌和耐药菌的初始比例呈对数型增长。事实上，每次抗生素的有效治疗都会增加耐药菌和敏感菌的比例，直到二者比例超过某一阈值后耐药性出现。敏感菌和耐药菌比例越低，意味着到达阈值的距离越近，形成耐药性前总的有效治疗次数也越少。

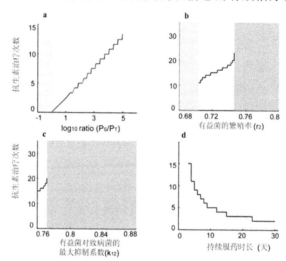

图 2-8　影响耐药性形成的内在因素

a. 健康态下致病菌内部组成比例；b. 有益菌的繁殖率；

c. 有益菌对致病菌的最大抑制系数；d. 致病菌对有益菌的最大抑制系数

　　类似地，我们也探索了体内有益菌和致病菌组成结构不同对耐药性形成的影响。我们将通过调节有益菌的繁殖率来实现核心菌群中有益菌和致病菌的组成结构不同。如图 2-8b，其中，横坐标表示有益菌的繁殖率，纵坐标表示形成耐药性前总的有效治疗次数。从图中我们可以看到，当有益菌的繁殖率较低时，药物在首次治疗中就会表现出耐药性（见图 2-8b 中灰色区域）。当有益菌的繁殖率落在某一区间内时，总的有效治疗次数将随繁殖率单调递增（见图 2-8b 中蓝色折线）。当有益菌的繁殖率较高时，药物永久有效，系统不会出现耐药性（见图 2-8b 中绿色区域）。事实上，有益菌的繁殖率越高，说明体内微环境越有利于有益菌繁殖及生长，相应地，稳定健康态中有益菌的数量也越高。有益菌繁殖率越大意味着宿主自身的抵抗力越强。因此，增强宿主体内有益菌的数量可以有效延缓或阻止耐药性的形成。

我们进一步分析了种间抑制强度对耐药性形成的影响。不同宿主体内核心菌群中有益菌和致病菌，其各自内部所包含菌种数量也各不相同。而每类菌种对其他菌种的抵抗能力也各不相同，因此，由它们所组成的有益菌群（或致病菌群）对其致病菌群（或有益菌群）的种间抑制作用也各不相同。在我们的系统中，这一不同将通过调节种间抑制系数 k_{PB}（或 k_{BP}）来实现。如图 2-8c，当有益菌对致病菌的种间抑制系数（k_{PB}）取值落在某一范围内时，随着抑制强度增加，有效治疗次数呈递增趋势（图 2-8c 中蓝色折线）；当抑制强度超过某一阈值后，系统对该特定药物不会产生耐药性（见图 2-8c 中绿色区域）。图 2-8d 与图 2-8c 相反，当致病菌对有益菌的种间抑制系数（k_{BP}）较小时系统不会出现耐药性（见图 2-8d 中绿色区域）；当种间抑制系数 k_{BP} 逐渐增大并且落在某一范围内时系统一定会暴露耐药性并随抑制系数呈递减趋势；在抑制系数 k_{BP} 超过某一阈值后系统会在首次治疗中表现出耐药性（图 2-8d 中灰色区域）。因此，种间抑制作用也是决定耐药性的重要因素。

综合这些数值模拟结果，可以看到体内核心菌群中有益菌、病原体中敏感菌相对于耐药菌的生长优势，以及种间相互抑制作用都是影响耐药性形成的内在关键因素。宿主体内有益菌数量越多，病原体中的耐药菌相对于敏感菌越少，有益菌对致病菌的抑制强度越大，而致病菌对有益菌的抑制强度越小才是一个最为理想的肠道微环境。这样的核心菌群对药物最为敏感，形成耐药性的风险也最低。因此，应该通过合理改善饮食，调整规律的生活习惯等方式来改善体内肠道微环境，进而有效延缓或阻止体内菌群对特定药物形成耐药性。

2.4.2　影响耐药性形成的外在因素

除了上述这些内在因素之外，外界扰动（诸如饮食、卫生、感染和抗生素治疗等）也会影响菌群耐药性的形成。因此，这一小节将主要探索影响耐药性形成的一些外在因素，如感染时长、过量使用抗生素或不同抗生素等。

首先分析感染时长对耐药性形成的影响。事实上，早在 2008 年，D'AGATA 等人提出的一个有关免疫反应和水平基因转移的菌群动力学模型已经证实提前开始抗菌治疗也可以有效阻止耐药性的出现[84]。类似地，我们也探索了不同感染程度对耐药性形成的影响，如图 2-9a 和 2-9b，其中横坐标表示时间，纵坐标表示致病菌总量和有益菌总量的变化趋势。从图 2-9a 中我们可以看到在感染 3 d 后及时给予 3 d 药物治疗可以有效阻止感染，即在药物撤销后系统状态最终稳定向健康态。但如果在感染 1 周后才接受治疗（见图 2-9b），同样是 3 d 药物治疗却未能根本消除感染，在药物撤销后致病菌的总量又开始出现反弹，系统状态最终稳定向生病态。由此可见，及时接受治疗的确可以有效阻止感染的加剧，也可以防止耐药性的出现。

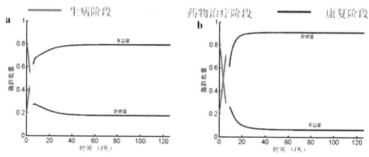

图 2-9　不同感染时长对耐药性形成的影响

a. 感染 3 d 后接受 3 d 药物治疗；b. 感染 7 d 后接受 3 d 药物治疗

其次，分析了不同服药时长对总的有效治疗次数带来的影响。这里，我们统一宿主在感染 4 d 后开始接受治疗。图 2-10a 和 2－10b 中分别模拟了系统在感染 4 d 后分别服药 3 d 或 5 d 相应治疗效果。结果发现，服药 3 d 未能有效阻止感染（见图 2-10a）。但是服药 4 d 可以有效阻止感染（见图 2-10b）。进一步分析不同服药时长对应总的有效治疗次数发现，延长服药时长可以有效阻止感染，但是总的有效治疗次数将会随服药时长呈对数递减（见图 2-10c）。这意味着过量服药会加速耐药性的形成。灰色区域表示首次治疗就无效，这也表明由于感染未能及时阻止使得首次治疗所需的服药时长至少需要 5 d。

上述这些模拟结果都是基于同一抗生素所进行分析的。下面，将重点分析

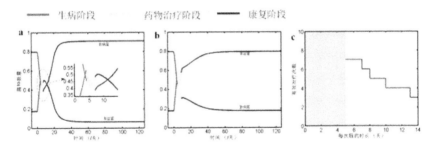

图 2-10　过量用药对耐药性形成的影响

a. 感染 4 d 后接受 3 d 药物治疗；b. 感染 4 d 后接受 5 d 药物治疗；

c. 不同服药时长对应总的有效治疗次数变化

不同抗生素的耐药性反应及暴发耐药性的可能性风险。

目前为止，国内外研发出的抗生素种类已达上千种，在临床上常用的亦有几百种。这些抗生素在发明之初，有着药到病除的疗效。但是，由于人类的不合理使用，导致体内特定微生物对许多抗生素都产生了耐药性。例如，在青霉素问世几年后，大部分葡萄球菌便对青霉素产生了耐药性；随后，相继对链霉素、四环素、氯霉素和红霉素等抗生素也产生了耐药性。已有研究显示，正是特定微生物对特定药物具有较强的抵抗活性，以至于它们可以在含有抗生素的环境中幸存。而微生物对这些抗菌药物所表现出的抵抗性将直接决定药物对体内各类微生物的杀菌强度不同，这对应于我们模型中将通过调节参数 η_1、η_2 和 η_3 的不同取值来实现。抵抗性越弱说明药物对该菌种越敏感，进而杀菌强度也越大；反之，抵抗性越强则药物对该菌种的杀菌强度越弱。因此，本书接下来将探索参数 η_1、η_2 和 η_3 对加药系统的影响。

首先，从理论上简要分析了参数 $(r_P, a, d_P, r_B, b, d_B, k_{BP}, k_{PB}, k_1, k_2) \in \Gamma$ 的前提下，非零参数 η_1、η_2 和 η_3 分别满足如下条件：$r_P - d_P > \eta_1 > \eta_2 > 0$ 且 $r_B - d_B > \eta_3 > 0$ 时，对应持续加药系统（2-7—2-9）可能的动力学行为。

我们将尝试借助定性理论分析结合数值模拟，来探索不同药物对耐药性反应。经分析可知，系统（2-7—2-9）至多存在如下六类平衡点且相应约束条件及其对应正特征根个数被整理在附录 Ⅱ 表格 5-2 中。结合该表格整理分析我们得出：加药系统（2-7—2-9）中参数 $\Gamma_1 \neq \varphi$ 且 $(r_P, a, d_P, r_B, b, d_B, k_{BP}, k_{PB}, k_1, k_2) \in \Gamma_1$ 的前提下，非零参数 η_1、η_2 和 η_3 同时满足集合 Λ。其中，集

合 Λ 即满足下列不等式组

$$\begin{cases} r_P - d_P - \dfrac{k_{PB}\left(\dfrac{r_B - d_B - \eta_3}{r_B}\right)^2}{a^2 + \left(\dfrac{r_B - d_B - \eta_3}{r_B}\right)^2} > \eta_2 > 0 \\[4mm] r_B - d_B - \dfrac{k_{BP}\left(\dfrac{r_P - d_P - \eta_2}{r_P}\right)^2}{b^2 + \left(\dfrac{r_P - d_P - \eta_2}{r_P}\right)^2} > \eta_3 > 0 \\[4mm] r_P - d_P > \eta_1 > 0 \end{cases}$$

的解集。当非零参数 η_1、η_2 和 η_3 满足集合 Λ 时,加药系统(2-7—2-9)存在 $P_{001}(0,0,\dfrac{r_B - d_B - \eta_3}{r_B})$,$P_{010}(0,\dfrac{r_P - d_P - \eta_2}{k_2 r_P},0)$,$P_{100}(\dfrac{r_P - d_P - \eta_1}{k_1 r_P},0,0)$,$P_0(0,0,0)$,$P^{**}(x^{**},0,z^{**})$,$P^*(0,y^*,z^*)$,这六类平衡点除 $P^*(0,y^*,z^*)$ 这类平衡点之外,其余五类平衡点均不稳定。其中,$y^* z^* x^{**} z^{**} \neq 0$。

上述结论表明,加药系统(2-7—2-9)中参数 $(r_P, a, d_P, r_B, b, d_B, k_{BP}, k_{PB}, k_1, k_2) \in \Gamma_1$ 且 $\eta_1, \eta_2, \eta_3 \in \Lambda$ 的前提下,加药系统的整体动力学行为将由 P^* 这类型平衡点的个数及稳定性所决定。而这类型平衡点的个数及稳定性可借助于二维加药系统

$$\begin{cases} \dfrac{dy(t)}{dt} = r_P(1 - k_2 y)y - k_{PB}\dfrac{z^2}{z^2 + a^2}y - (d_P + \eta_2)y & (2\text{-}19) \\[4mm] \dfrac{dz(t)}{dt} = r_B(1 - z)z - k_{PB}\dfrac{(k_2 y)^2}{(k_2 y)^2 + b^2}z - (d_B + \eta_3)z & (2\text{-}20) \end{cases}$$

在第一象限内平衡点 $P(y^*, z^*)$ 的个数及其稳定性来进一步分析。因此,接下来将分析参数 η_2、η_3 分别变化时,相应系统(2-19—2-20)在第一象限内平衡点个数及其稳定性变化。

鉴于模型本身的复杂性,将通过数值模拟来探索系统(2-19—2-20)可能的动力学行为。

定义 $\vec{\beta} = (r_P, a, d_P, r_B, b, d_B, k_{BP}, k_{PB}, k_1, k_2, \eta_1, \eta_2, \eta_3)$ 包含加药系统中的所有参数。

考虑向量 $\vec{\beta} = (0.664, 0.718, 0.5, 0.5, 0.0501, 0.0751, 0.76, 0.84, 0.58, 0.58, 0.086, 0.0016, 0.015)$。通过数值模拟分析参数 η_2, η_3 分别变化时系统

（2-19—2-20）相应平衡点的分支图及其耐药性反应，详见情形一和情形二。

情形一：首先固定 $\eta_2 = 0$ 分析 η_3 变化对应系统（2-19—2-20）平衡点个数及其稳定性变化，见图 2-11a 和 2-11b。图中不同颜色的线表示系统（2-19—2-20）中 $P(y^*, z^*)$ 这类平衡点的个数及其稳定性。红线和蓝线对应平衡点是稳定的，天蓝色的线对应平衡点是不稳定的鞍点。图 2-11a 中纵坐标表示不同参数下相应稳态中致病菌的数量；而图 2-11b 中纵坐标表示不同参数下相应稳态中有益菌的数量。从分支图中我们可以看到，当充分小时，加药系统和未加药系统的动力学行为相同，仍维持原系统的双稳特性。随着参数 η_3 增加，系统将在该参数取某一特定值处发生分叉，系统由双稳结构变为单稳结构。但是，当药物对有益菌的杀菌率较大时，系统中 $P(y^*, z^*)$ 这类平衡点有且仅有一个稳定的平衡点，称该平衡点为稳定生病态。因为此时整个菌群组成结构中致病菌占主体地位意味着宿主处于感染状态。

其次，我们固定 η_3 为单稳区间某一值（即 $\eta_3 = 0.015$）进一步分析不同 η_2 对应系统（2-19—2-20）的平衡点个数及其稳定性变化（见图 2-11c 和 2-11d）。当 η_2 充分小时系统只有一个稳定的生病态；只有当药物对耐药致病菌的杀菌率高于一定水平时，系统增加了一对新的平衡点（其中，一个为局部渐近稳定的健康态，另一个为不稳定鞍点），此时系统产生双稳现象。

最后，基于上述参数分析，固定 $\eta_1 = 0.086$，$\eta_3 = 0.015$ 进一步分析了不同 η_2 取值相应药物的可能耐药性反应。如图 2-12a 中预测了特定药物（$\eta_1 = 0.086$，$\eta_2 = 0.016$，$\eta_3 = 0.015$）在反复使用过程中，每次有效治疗所需服药时长。从图中可以看到，在前 18 次治疗中，服药时长只需 3 d。在第 19 次感染后需要延长服药时长到 4 d，在第 20 次感染后服药时长最短需要 9 d，但仍可以治愈。但是在第 21 次感染后服药时长是无穷大，这就意味着即使接受永久性药物治疗都不可治愈（即黑色虚线）。该药物最晚在使用 21 次后暴发耐药性，称这类反应为第一类耐药性反应。

类似地，探索了另一种特定药物（$\eta_1 = 0.086$，$\eta_2 = 0.016$，$\eta_3 = 0.015$）的抗药反应，见图 2-12b。结果发现，这种药物在使用高达一定次数后至少服药 5 d 或以上才能实现有效治疗。该图也表明这类药物不会出现无论服药多久都不能有效阻止感染的现象。因此，称这类耐药性反应为第二类耐药性反应（即系统不会暴发终极耐药性）。

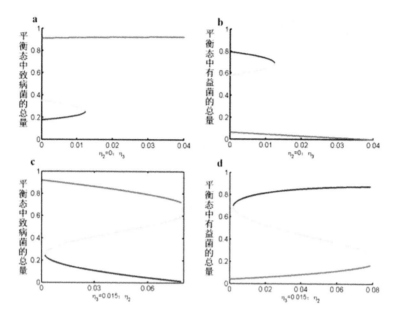

图 2-11　情形一：参数 η_2 或 η_3 的相应分支图

a 和 b. 固定 $\eta_2 = 0$，η_3 变化；c 和 d. 固定定 $\eta_3 = 0.015$，η_2 变化。

其中，红色表示稳定生病态，蓝色表示稳定健康态，天蓝色表示不稳定鞍点。

在这里，定义每种药物在反复使用过程中服药时长的最大值为终极服药时长。我们将借助特定药物的终极服药时长来判断药物是否会产生耐药性。如果特定药物的终极服药时长为一个有限数，则意味着随着药物的反复使用，适当延长服药时长定可以康复，即第二类耐药性反应。反之，如果终极服药时长为一个无限数，则意味即使永久服药仍不可治，即第一类耐药性反应。

为了证实上述两种抗药性反应的普遍性，进一步分析了不同 η_2 对应药物的终极服药时长，见图 2-12c。从图中可以看到，当 η_2 小于某一特定值（图 2-12c 中虚线）时，终极服药时长为无穷大（即图 2-12c 中紫色区域）；当但 η_2 高于该临界线时，终极服药时长随 η_2 的增加呈对数递减（图 2-12c 中红色折线）。其中，图中两个红色点分别标记了图 2-12a 和 2－12b 中所取 η_2 的位置。这些模拟结果也表明，特定药物对耐药致病菌杀菌率也是影响耐药性形成的主要因素。对耐药致病菌杀菌率越高，药物相对更好些。

情形二：类似于情形一，首先分析了 $\eta_3 = 0$ 时，η_2 的变化对系统（2-19—

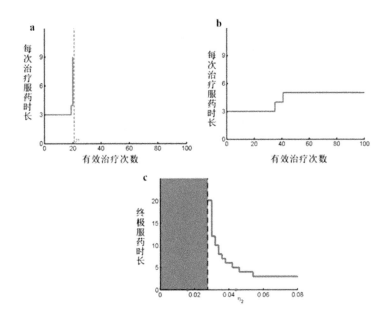

图 2-12　不同 η_2 相应药物的耐药性反应

固定 $\eta_1 = 0.086$，$\eta_3 = 0.015$。a. $\eta_2 = 0.016$；b. $\eta_2 = 0.44$；c. 不同 η_2 的终极服药时长。

2-20）的平衡点个数及其相应稳定性的影响（见图 2-13a 和 2－13b）。从分支图中可以看到，随着药物对耐药致病菌的杀菌率增加，系统将在参数 η_2 较大的区间内一直维持双稳特性。当 η_3 大于分支点时，系统中（y^*，z^*）这类平衡点有 3 个（其中，两个稳定，另 1 个不稳定）变为 1 个（稳定平衡点），即系统在参数 η_3 的分支点处发生分叉，由双稳结构变为单稳结构。

其次，固定 η_2 为单稳区间某一特定值，进一步分析了不同 η_3 对应系统（2-19—2-20）的平衡点个数及其稳定性变化。考虑到耐药致病菌对抗生素有较强抵抗性，因此，固定药物对耐药致病菌的杀菌率为双稳区间某一值（如 η_2 = 0.03），并且进一步分析不同 η_3 对应系统（2-19—2-20）的平衡点个数及其相应稳定性（见图 2-13c 和图 2-13d）。当药物对有益菌的杀菌率充分小时，系统维持维持双稳特性，但是当药物对有益菌的杀菌率较大时，系统只有 1 个稳态且该稳态中致病菌的数量明显高于有益菌，即系统只有 1 个稳定的生病态。这也意味着如果特定药物对有益菌的杀菌活性较高时，持续使用必定会使得系

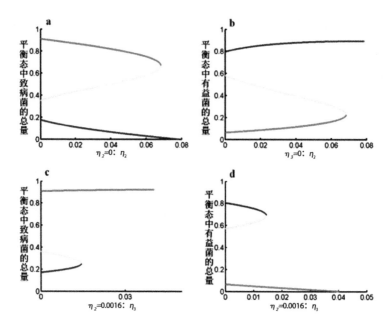

图 2-13　情形二：参数 η_2 或 η_3 的相应分支图

a 和 b. 固定 $\eta_3=0$，η_2 变化；c 和 d. 固定 $\eta_2=0.03$，η_3 变化。其中，

红色表示稳定生病态，蓝色表示稳定健康态，天蓝色表示不稳定鞍点

统暴发耐药性，即系统将稳定向仅有的生病态 P^*（0，y^*，z^*）。这一点在不同药物的耐药性反应探索中也得到证实。

　　类似于图 2-12c，进一步固定 $\eta_1=0.086$，$\eta_2=0.03$ 分析了不同 η_3 取值相应药物的不同耐药性反应，见图 2-14a 和 2-14b。同情形一类似，对有益菌的杀菌率不同时，不同药物的耐药性反应也是有两种。不同于情形一的是，药物对有益菌的杀菌率较小时将会产生第二类耐药性反应（见图 2-14a）；而药物对有益菌的杀菌率较高时将产生第一类耐药性反应，即一定会暴发终极耐药性，如图 2-14b。进一步整理分析不同 η_3 对应特定药物的终极服药时长也证实了分支图 2-14c 和 2-14d 中定性分析的结果（见图 2-14c）。即当药物对有益菌的杀菌率越高，系统随着抗生素的反复使用终将暴发耐药性，最终趋向唯一的稳定生病态 P^*（0，y^*，$z*$）。

　　综合上述模拟结果（见图 2-11—2-14），可以断定较好的抗菌药物应该具有精准杀伤的特点，即比较好的药物应该对有益菌有较小的杀菌率且对耐药致

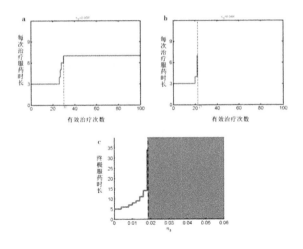

图 2-14　不同 η_3 相应药物的耐药性反应

固定 $\eta_1 = 0.086$，$\eta_2 = 0.03$。a. $\eta_3 = 0.008$；b. $\eta_3 = 0.044$；c. 不同 η_3 的终极服药时间

病菌有较大的杀菌率。这类药物不仅形成耐药性的风险低，而且使用成本低。因为这类药物即使在使用后期服药周期仍然较短。因此，我们的模型可以被推荐用于优化药物成分设计。

2.5　小　结

这一章中我们基于耐药致病菌和敏感致病菌基因特征，构建了一个由敏感致病菌、耐药致病菌和有益菌组成的肠道菌群共生系统。借助模型模拟了宿主健康—生病—治疗—康复的完整生理过程。一方面，借助数学模型模拟再现了耐药性现象并阐明了耐药性形成机制。即每次抗生素治疗都会导致康复后的健康态发生微妙的变化。这同临床试验中发现的类稳态现象相一致。而这种变化的本质即耐药致病菌和敏感致病菌的比例发生变化。随着抗生素治疗次数逐步增加，在比例突破某个阈值时，耐药性产生。而导致系统状态发生平移的基础是系统定态解不同于已有模型，是空间直线型而非孤立点。因此，模型也是本书的主要创新之一。

另一方面，我们探索了影响耐药性暴发的关键因素。通过数值模拟发现菌群组成结构，有益菌的总量以及种间相互抑制作用都是影响耐药性形成的内在因素；而感染周期，每个疗程的服药时长以及不同药物对特定菌种的杀菌率是决定耐药性形成的外在因素。就有益菌而言，我们模拟发现有益菌的量也是影响耐药性形成的重要因素。因此，在探索耐药性形成机制中必须突出有益菌在整个菌群共生系统所起的作用。而在模型中引入有益菌在整个菌群共生系统中所起作用也是本章的创新之一。

第 3 章 粪菌移植治疗耐药性感染的机制及优势

近年来，由于人类不合理使用抗生素导致的耐药性感染，在临床上已经屡见不鲜。而粪菌移植在治疗许多疾病方面的临床反应表明，粪菌移植在治疗耐药性感染和超级细菌引发的感染中有着非常显著的疗效。小鼠模型也证实粪菌移植可以有效治疗由耐药致病菌诱发的一些疾病。例如，临床上万古霉素结合粪菌移植已经是治疗由耐甲氧西林金黄色葡萄球菌引发的肠炎的首选方案[32]。可是移植进来的菌群促使炎症得以缓解的机制尚不清楚。此外，基于宏基因组分析显示执行粪菌移植后患者体内菌群将朝类似移植菌群的方向移动，但目前还未有明确的解释[53,56,58]。数学模型是描述系统和探索影响系统的各因素之间定量关系的强有力工具。为此，在这部分我们将尝试通过构建数学模型对上述这些问题进行深入分析和探索。

3.1　模型的构建

在第 2 章提出的模型（2-10—2-12）中，我们用一个三维菌群共生系统来刻画不同个体体内菌群组成状态。粪菌移植即系统状态直接从一个状态转移到另一个新的状态。

假设捐赠者的粪菌组成状态为 (x_h, y_h, z_h)，粪菌移植前的状态为 (x, y, z)，幸存率为 $k(0 < k < 1)$，则移植后的新状态为 $(x, y, z) + k(x_h, y_h, z_h)$。其中，$k_1 x_h + k_2 y_h = P_h$。其中，粪菌移植后的新状态将直接决定粪菌移植的治疗效果。从数学模型的角度来看，粪菌移植过程所实现的这种系统状态转移主要由捐赠者的粪菌组成和幸存率所决定。这一小节，我们将借助模型（2-10—2-12）通过调节系统中特定参数的取值来描述不同捐赠者的粪菌组成状态。

在模型中，我们用益生菌的不同繁殖率来刻画不同捐赠者体内菌群处于健康平衡态时的差异。因此，这里我们将固定表格 5-1 中其余参数取值，通过调节有益菌的繁殖率来刻画不同捐赠者体内粪菌组成。分别取 $r_B = 0.718 \times 0.95$；

$r_B=0.718\times1$；$r_B=0.718\times1.1$ 来反映 1 号捐赠者和 2 号捐赠者（或患者）以及 3 号捐赠者肠道内有益菌的生长及繁殖能力。经计算可知，1 号捐赠者在健康状态下体内致病菌和有益菌组成为（0.212 61，0.744 02）（见图 3-1a 中蓝色点）；2 号捐赠者（患者）在健康态下的菌群组成状态为（0.177 25，0.795 47）（见图 3-1b 中蓝色点）；3 号捐赠者在健康态下的菌群组成状态为（0.151 08，0.837 34）（见图 3-1c 中蓝色点）。这 3 个捐赠者在致病菌和有益菌组成的二维相平面的向量场图，如图 3-1a—c 所示。图中蓝色的实点表示系统处在健康稳态；红色的实点表示系统稳定的生病态，黑色的空心点是一个不稳定鞍点；黑色虚线表示过鞍点的稳定流形。从图中我们可以看到，这 3 个捐赠者对不同疾病或病原体的抵抗力明显不同。这里，我们用系统在二维相平面内相应可治愈区（即临界线上方区域）的面积反映捐赠者自身的抵抗力。从图中可以明显看到，3 号捐赠者自身抵抗力最强，相应可自愈区域最大；2 号捐赠者次之；1 号捐赠者自身抵抗力最弱，体内有益菌繁殖率最小，相应可自愈区域最小。绿色的箭头表示捐赠者粪菌的移植方向。在我们的模型中，使用 2 号捐赠者健康态的菌群组成表示常规捐赠者的粪菌组成状态。

因为已有许多研究指出许多因素（如移植路径、捐赠者的菌群组成和不同的粪菌产品等）会影响移植进来的外源菌的定植效果[54]。为了使得我们的模拟效果更加符合实际，因此，引进移植存活率来刻画移植的效果。其中，移植幸存率系数 k（$0<k<1$）即移植进来的粪菌成功存活于宿主体内的系数。一般情况下，我们取移植幸存率 $k=0.5$。

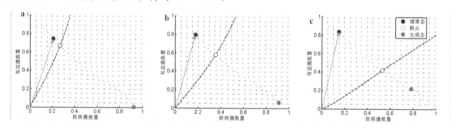

图 3-1　不同捐赠者的菌群共生系统向量场图

a.1 号捐赠者（$r_B=0.718\times0.95$）；b.2 号捐赠者（$r_B=0.718\times1$）；c.3 号捐赠者（$r_B=0.718\times1.1$）。其中，绿色箭头表示不同捐赠者的粪菌对应的移植方向

3.2　数值模拟再现实验现象

我们首先检验模型是否可以合理再现已有的实验现象，即粪菌移植是否可以有效阻止由耐药菌引发的感染。

在第 2 章的分析中，我们已经发现特定的药物（即 $\eta_1 = 0.086$，$\eta_2 = 0.0016$，$\eta_3 = 0.015$）在反复使用 15 次以后，宿主体内肠道菌群将会对它产生耐药性。即第 16 次感染后宿主体内菌群共生群落将暴发耐药性。为此，我们将模拟再现患者第 16 次感染—治疗这样一个完整的生理过程。同第 2 章中相同，这一生理过程中的 4 个不同阶段将通过调节特定参数的不同取值来实现，并仍使用第 2 章中的参数取值。本章中研究的粪菌移植为单纯粪菌移植或药物治疗结合粪菌移植。在第 2 章中我们已经检验过，第 16 次感染后如果采用 3 d 药物治疗结合粪菌移植（0.5 倍幸存率下采用 2 号捐赠者粪菌）的确可以有效阻止第 16 次感染（见图 2-6d）。

我们研究将基于模型（2-10—2-12）研究另一种粪菌移植，即单纯粪菌移植是否也可以有效阻止第 16 次感染。在健康（康复）阶段，固定系统中，抗生素的杀菌率都为零。在感染阶段，致病菌数量会明显上升，因此，用致病菌的繁殖率增加来刻画（见图 3-2 中红色曲线①）。系统在第 16 次感染后分别接受来自不同捐赠者的粪菌（见图 3-2 中绿色线③）进行治疗。这里我们固定粪菌移植的幸存率为 0.5。图 3-2a 和 3-2b 中第 16 次感染分别接受 1 号捐赠者的粪菌和 2 号捐赠者粪菌，但是治疗失败。同样是第 16 次感染接受 3 号捐赠者的粪菌后，经过一段时间，系统轨线最终可以返回健康态（见图 3-2c 中蓝色曲线④），即单纯粪菌移植也可以有效阻止由耐药菌引发的感染。

上述这些模拟结果表明，无论是单纯粪菌移植还是粪菌移植结合药物治疗都可以有效阻止由耐药菌引发的感染。因此，我们的模型是合理的，而且可以用来探索粪菌移植起效的根本机制。此外，同样的幸存率下（0.5 倍），采用 1 号捐赠者和 2 号捐赠者的粪菌在移植后治疗失败但采用 3 号捐赠者却可以成功治疗也暗示着捐赠者的粪菌组成对粪菌移植的治疗效果有着非常重要的影响，这将在探索有关影响粪菌移植的因素中进一步展开分析。

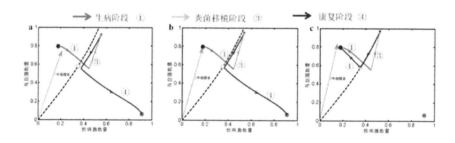

图 3-2　第 16 次感染接受不同捐赠者单纯粪菌移植的治疗效果

a. 移植粪菌来自 1 号捐赠者；b. 移植粪菌来自 2 号捐赠者；c. 移植粪菌来自 3 号捐赠者

3.3　探索粪菌移植对抗耐药性的根本机制

在探索耐药性形成机制中，我们已经重现临床试验结果：耐药性形成后，服用 3 d 抗生素结合粪菌移植，系统轨线可以返回健康态所在的空间线段 l_1 上，即粪菌移植可以有效治疗耐药性感染。

接下来，我们在三维相空间以及由致病菌和有益菌组成的二维相平面内解释粪菌移植的起效机制。我们假设捐赠者的粪菌组成状态是 (x_h, y_h, z_h)，其中，敏感致病菌 (x_h) 和耐药致病菌 (y_h) 的比例是 50 000∶1 且致病菌的总量 $P_h = k_1 x_h + k_2 y_h$。在我们的模型中，这一组成结构也用来表示捐赠者未接受过任何药物治疗前的组成。在二维相图中，我们可以直观看到，当第 16 次感染暴发后系统轨线穿过流形（见图 3-3a 红色），及时接受 3 d 药物治疗后（见图 3-3a 中天蓝色），系统轨线到达 (P, z) 状态，但此时系统轨线仍在生病态的吸引域 R_2 中。此时实施粪菌移植，相当于向宿主体内植入外界菌群。在执行粪菌移植后，患者体内的菌群组成状态将瞬时变为。从相图来看，相当于系统状态从点 (P, z) 沿着绿色箭头平移到点 $(P, z) + k(P_h, z_h)$。执行粪菌移植相当于强制粪菌组成状态被推回健康态所在的吸引域 R_1 中。根据上文的分析可知，系统轨线最终可以返回到健康态。这一动态过程，从三维相空间来看（见图 3-3b），服药 3 d 后，系统轨线仍在黄色的分界面下方，但是执行粪菌移植后系统轨线穿过分界面进入自愈区的吸引域。因此，停止治疗一段时间后，系统轨线最终返回到健康态所在的空间线段 L_1 上的某一健康态。综上分析可知，粪菌移植通过植入外界健康捐赠者的菌群从而重塑患者体内的菌群组成结构（平移），使得系统穿过稳定流形，最终返回到健康态的收敛域。

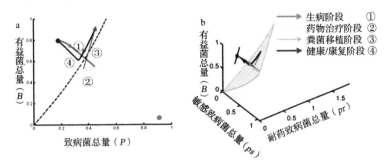

图 3-3　相平面和相空间内第 16 次感染 3 d 药物治疗结合粪菌移植动态演化过程

事实上，在前面的分析中，我们已发现粪菌移植起效会受到移植幸存率和捐赠者粪菌组成结构等因素的影响。因此，我们固定幸存率 k 和粪菌组成结构，进一步分析了粪菌移植的起效范围，即经过平移（平移向量）后可以穿过稳定流形的区域。如图 3-4 中玫红区域，即 0.5 倍幸存率下，采用常规捐赠者粪菌（来自 2 号捐赠者）执行粪菌移植的起效范围。进一步分析可以看到，第 16 次感染后，系统感染状态落在了粪菌移植的起效范围之外，因此实施单纯粪菌移植后未能使系统轨线穿过稳定流形（见图 3-4a 中绿色的曲线）。同样感染状态，服药 3 d 后（见图 3-4b 中天蓝色曲线），系统轨线被推回到粪菌移植的起效范围内，进而移植菌群后的系统轨线一定可以返回到健康态的吸引域。

对比上述模拟结果我们可以断定：粪菌移植结合 3 d 药物治疗有效抵抗第 16 次耐药性感染，本质上是粪菌移植和 3 d 药物治疗协同作用的效果。粪菌移植即将捐赠者的粪菌注入患者体内，相应的数学解释即菌群组成状态由瞬时状态 (P, z) 转移向新的状态 $(P, z) + k(P_h, z_h)$。因此，在幸存率 k 及捐赠者粪菌组成状态固定的前提下，移植前患者体内菌群组成状态 (P, z) 的位置直接决定了系统移植后的状态 $(P, z) + k(P_h, z_h)$ 是否会穿过流形进入自愈区。第 16 次耐药性感染暴发 3 d 后，系统状态落在了玫红色区域外（见图 3-4b 中红色曲线①），及时给予 3 d 药物治疗后推动系统轨迹进入粪菌移植的有效区（见图 3-4b 中天蓝色的曲线②）。在第 4 天停止服药的同时执行一次粪菌移植系统轨迹被成功推回自愈区（见图 3-4b 中天蓝色曲线③），一段时间后，系统

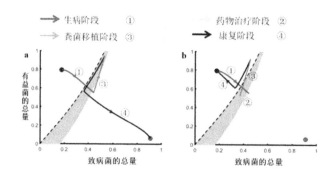

图 3-4　第 16 次感染采用两种不同治疗策略相应的疗效
a. 粪菌移植；b. 粪菌移植结合 3 d 药物治疗

轨迹被稳定健康态（P_h，z_h）所吸引（见图 3-4b 中蓝色线④）。

此外，由于捐赠者的粪菌组成结构不同，在捐赠者粪菌组成结构中有益菌含量明显较高时，单纯执行粪菌移植也可以有效阻止感染。例如，同样是第 16 次耐药性感染，且固定移植幸存率为 0.5 倍时，单纯采用 3 号捐赠者的粪菌也可以有效阻止第 16 次耐药性感染（见图 3-5c）。进一步分析发现，第 16 次感染后状态正好已落在 3 号捐赠者粪菌相应粪菌移植的起效范围内（见图 3-5c 中红色曲线）。因此，执行粪菌移植后系统轨线一定可以被推回到健康态的吸引域中（见图 3-5c 中绿色线），经过一段时间后系统轨线最终返回到稳定健康态（见图 3-5c 中蓝色曲线）。但同样是 0.5 倍移植幸存率，1 号或 2 号捐赠者粪菌，移植起效范围相对于 3 号较窄。同样感染状态但均未落在粪菌移植起效范围之内，因此，执行粪菌移植后，系统轨线仍停留在生病态吸引域中，即治疗失败（见图 3-5a 和 b）。

由此可见，在移植幸存率固定时，捐赠者粪菌组成结构是决定粪菌移植治疗效果的关键因素。相对于 1 号和 2 号捐赠者，3 号捐赠者粪菌对应粪菌移植的起效范围最大，且感染状态只落在该捐赠者相应粪菌移植的起效范围内，进而保证了执行粪菌移植可以实现系统状态由非自愈区到自愈区的有效转移。而 3 号捐赠者相应粪菌移植的起效范围之所以最大是因为其体内菌群共生系统中有益菌的数量相对于其他捐赠者最高。正是来自捐赠者粪菌中的大量有益菌相对于致病菌压倒性的优势才保证了粪菌移植的方向 k（P_h，z_h）在二维相平面内一定是指向上的。因此，菌群共生系统中大量有益菌才是保证粪菌移植实现

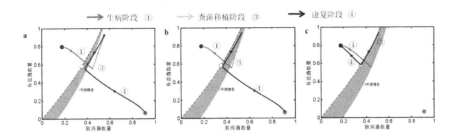

图 3-5　第 16 次感染在 0.5 倍幸存率下采用不同捐赠者粪菌进行单纯粪菌移植的治疗效果

a. 移植粪菌来自 1 号捐赠者；b. 移植粪菌来自 2 号捐赠者；c. 移植粪菌来自 3 号捐赠

者。其中，玫红色带宽表示 0.5 幸存率下来自不同捐赠者粪菌相应的粪菌移植起效范围

有效治疗的关键所在。

综上分析表明，粪菌移植的根本机制即主要依靠来自捐赠者粪菌中的有益菌推动系统轨线朝健康稳态方向移动，但是在捐赠者粪菌组成结构中有益菌的相对比例较低时，可以通过药物预处理推动系统状态进入粪菌移植的起效范围内，进而保证执行粪菌移植后系统状态可以实现有效转移。

3.4　影响粪菌移植的关键因素

已有许多文献中指出移植路径、捐赠者的菌群组成和不同的粪菌产品等一些因素都会不同程度地影响粪菌移植的治疗效果[54,56]。

这一小节，我们将基于第 2 章提出的数学模型并结合本章构建的不同粪菌模型综合分析影响粪菌移植的一些关键因素。

3.4.1　幸存率

在前面的分析中，我们已经阐明粪菌移植实现有效治疗的数学解释即借助捐赠者粪菌中的大量有益菌推动系统状态（P，z）转移向新的状态（P，z）$+k$（P_h，z_h）。在感染状态和捐赠者粪菌组成结构固定的前提下，明显可以看到粪菌移植的幸存率是 k 将决定粪菌移植后的状态（P，z）$+k$（P_h，z_h）是否穿过流形进入自愈区。本小节中所使用常规粪菌（来自 2 号捐赠者）且假设捐赠者没有接受过任何药物治疗，故菌群组成状态中致病菌内部敏感菌和耐药菌的比例为 50 000∶1（基于前面的假设）。

下面将通过模拟不同幸存率下粪菌移植的效果，阐明幸存率在粪菌移植中所起的作用，见图3-6。其中，红线表示第16次感染过程，天蓝色的线表示3 d药物治疗过程，绿色的线表示粪菌移植过程，蓝线表示康复过程。图中粪菌都来自2号捐赠者。因此，移植方向完全相同。但是我们发现，系统状态的变化以及粪菌移植的起效范围却明显不同。幸存率越小，系统状态的变化越小，并且粪菌移植的起效范围也越窄（见图3-6中玫红色带宽）。相同感染，同样接受3 d药物治疗结合粪菌移植，但是执行粪菌移植后移植进来的粪菌，如果只有0.1倍的幸存率，治疗后感染未能被有效阻止（见图3-6a中蓝色的曲线④）。因为3 d药物预处理后，系统状态仍未被推回粪菌移植的起效范围内（见图3-6a中天蓝色的曲线②和绿色线③）。但是，粪菌移植的幸存率达0.2倍时，相对于0.1倍幸存率下，玫红色的带宽明显变宽并且在接受3 d药物治疗后系统状态（P, z）落在了玫红色区间内（见图3-6b中天蓝色曲线②）。因此，粪菌移植后系统状态被推回临界线上方（见图3-6b中绿色曲线③），一段时间后，系统轨线稳定向健康态（见图3-6b中蓝色曲线④）。由此可见，在系统感染状态以及捐赠者的粪菌组成状态都固定时，移植幸存率的确对粪菌移植的治疗效果有非常重要的影响。

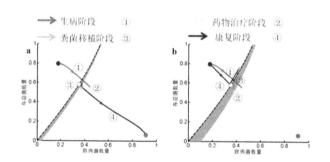

图3-6　对比不同幸存率下粪菌移植辅之以3 d药物治疗的效果
a. 幸存率 $k=0.1$；b. 幸存率 $k=0.2$。其中，玫红色带宽表示特
定幸存率下相应粪菌移植的起效范围

此外，我们还预测了不同幸存率下提前使用粪菌移植结合药物治疗对耐药性产生的影响。在这里规定：如果系统状态在用药次数高达100后仍可以穿过临界线，则称该药物将永远有效；否则，称该药物定会暴露耐药性。一方面，

将讨论不同幸存率对提前使用特定药物预处理结合粪菌移植的总体影响。这里特定药物相应杀菌率强度分别为：$\eta_1 = 0.086$，$\eta_2 = 0.016$，$\eta_3 = 0.015$。

　　经整理发现，移植幸存率不仅会影响粪菌移植总的使用次数，而且还会影响耐药性的产生，见图 3-7。其中，蓝色条形柱表示接受 3 d 药物治疗；黄色条形柱表示接受 3 d 药物结合粪菌移植治疗。例如，第 i（其中 i = 1，2，…）个条形柱中蓝色表示前 $i-1$ 次感染采用单纯药物治疗；黄色表示从第 i 次感染开始采用粪菌移植（伴随药物预处理）。如图 3-7a 所示，当幸存率只有 0.2 倍时，3 d 药物预处理结合粪菌移植相对于单纯药物治疗并未明显增加总的治疗次数而且也未能有效阻止耐药性的出现。当幸存率达 0.5 倍时，明显可以看到提前使用粪菌移植总的有效治疗次数显著上升，且在第 16 感染后抗生素已无效，但是粪菌移植仍可实现数次有效治疗（见图 3-7b）。这也意味着粪菌移植可以有效延缓耐药性的出现。当移植水平更高时，粪菌移植无论是提前使用，还是耐药性已暴发后使用都会一直有效（见图 3-7c）。

　　另一方面，将在 η_2 和 k 所组成的参数空间内，预测提前使用粪菌移植结合 3 d 药物治疗对粪菌移植总的治疗次数带来的可能影响。因为在现实生活中，无论是幸存率还是抗菌药物的杀菌率都可能是未知的。因此，进一步分析了不同 η_2 和 k 组合下，提前使用粪菌移植结合药物治疗对长远使用粪菌移植的影响。经整理发现，可能至少存在如下 4 种情形。

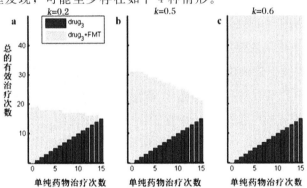

图 3-7　不同幸存率下提前使用粪菌移植的长远影响

a. k = 0.2；b. k = 0.5；c. k = 0.6

其中，蓝色条形柱高度表示单纯药物治疗次数；橙色条形柱表示改用粪菌移植结合药物治疗后相应治疗次数

　　情形一：系统暴发耐药性后使用粪菌移植也无效，但是提前使用可以延缓

耐药性的出现。如 $\eta_2 = 0.026$，$k = 0.21$ 时，随着抗生素的反复使用，系统接受 15 次单纯的药物治疗后无论采用药物治疗或粪菌移植结合药物治疗都将会暴发耐药性（见图 3-8a 中灰色区域及第 16 个蓝色条形柱）。但是提前到第 17 次感染之前使用粪菌移植结合药物治疗，总治疗次数明显高于单纯药物治疗对应总的有效治疗次数（见图 3-8a 中第 16 个蓝色条形柱）。

情形二：系统暴发耐药性后使用粪菌移植可以延缓耐药性的出现且提前使用，总的治疗次数将明显增加。如当 $\eta_2 = 0.026$，$k = 0.24$ 时，系统将在单纯药物治疗 16 次后暴发耐药性（见图 3-8b 中灰色区域）。但是若在第 16 次感染后采用粪菌移植结合药物治疗则仍可以使用长达 30 次（见图 3-8b 中第 16 条黄色条形柱）。如果提前到更早使用粪菌移植结合药物治疗，该药物总的使用次数将会更多。例如，在首次生病时就使用粪菌移植结合药物治疗，该综合疗法最多可以实现将近 60 次的有效治疗（见图 3-8b 中第 1 个黄色条形柱）。

情形三：系统暴发耐药性后使用粪菌移植也无效，但是提前使用将会阻止耐药性产生。如 $\eta_2 = 0.015$，$k = 0.357$ 时，随着抗生素的反复使用系统在第 17 次抗生素治疗后暴露耐药性（见图 3-8c 中灰色区域）。在第 17 次生病后即使采用粪菌移植结合药物治疗也无效（见图 3-8c 中第 17 个条形柱）。但是在第 16 次生病或第 16 次生病之前就开始使用粪菌移植结合药物治疗则粪菌移植将会一直有效（见图 3-8c 中前 16 个条形柱）。

情形四：系统暴发耐药性后使用粪菌移植将一直有效。如 $\eta_2 = 0.015$，$k = 0.358$ 时，随着抗生素的反复使用，系统在单纯药物治疗 19 次后耐药性出现（见图 3-8d 中灰色区域）。但是在第 19 次感染后如果改用粪菌移植结合药物治疗，则将会一直有效（见图 3-8d 中前 19 个黄色条形柱）。

综上模拟结果表明，提前使用粪菌移植伴随药物预处理明显可以不同程度地延缓耐药性的形成，并且越早越好。特别地，有些特定药物结合粪菌移植甚至还可以防止耐药性的出现，如图 3-8c 和 3-8d 所示。

3.4.2　药物预处理时间

这小节将探索药物预处理时间在粪菌移植结合药物治疗这一综合疗法中所起作用。在前面的分析中我们观察到，同样是来自 2 号捐赠者的粪菌，$k = 0.5$ 时单纯粪菌移植未能阻止第 16 次感染（见图 3-4b）。但 $k = 0.2$ 时，3 d 药预处

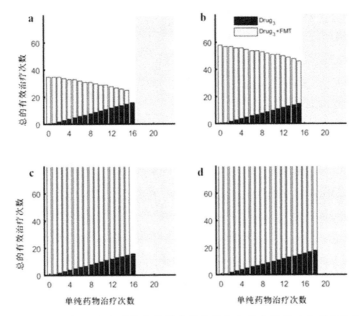

图 3-8　不同 k 及 η_2 组合下提前使用粪菌移植结合药物治疗对粪菌移植总体
影响的可能情形

a. $\eta_2=0.026$，$k=0.21$；b. $\eta_2=0.015$，$k=0.357$；c. $\eta_2=0.026$，
$k=0.24$；d. $\eta_2=0.015$，$k=0.358$；其中，蓝色条形柱高度表示单纯
药物治疗次数；黄色条形柱表示改用粪菌移植结合药物治疗相应治疗次数

理结合粪菌移植也能有效阻止感染（见图 3-6b）。延长服药时长是否可以改善
粪菌移植结合药物治疗的效果，仍有待进一步深入研究。

为此，进一步模拟了 0.5 倍幸存率下采用 19 d 药物预处理结合粪菌移植
在治疗第 16 次感染中的相应疗效（见图 3-9a 中绿色线④）。结果与图 3-4b 恰
恰相反，在延长服药时长达 19 d 后，感染未能被阻止且进一步采用粪菌移植，
系统轨线也未穿过临界线，进而最终稳定向生病态（见图 3-9a 中绿色线④）。
深入分析 19 d 药物预处理相应系统轨线发现：在抗生素治疗早期系统轨迹的
确被推进了玫红色的有效区域；但当服药时长超过某一时间时，系统轨迹开始
逐渐远离粪菌移植的起效范围（图 3-9a 中绿色线②）。这是因为在抗生素治疗
后期，持续用药本质上在逐渐消灭宿主体内的有益菌。有益菌数量下降，与此
同时，间接削弱了对耐药致病菌的抑制强度，从而使得耐药致病菌过度繁殖及
生长进而诱发了耐药性暴发。综合图 3-9a 和 3-4b 的模拟结果可以断定，药物

预处理时间也是影响粪菌移植结合药物治疗的关键因素。

此外，我们分析了特定幸存率下相应药物预处理的时间范围。为此我们首先定义最短服药时间，即药物作用下推动系统瞬时状态 (P, z) 首次进入粪菌移植起效范围所需要的服药时长；最长服药时间，即抗生素作用保证轨迹仍停留在有效区域内的服药时长。经模拟发现，在捐赠者粪菌组成状态固定时，不同幸存率相应抗生素预处理时间受最短服药时间（即图 3-9b 中的红线）和最长服药时间（即图 3-9b 中的蓝线）所约束，并且最短服药时长关于幸存率呈现对数递减，而最长服药时长关于幸存率呈对数递增。这些结果表明，我们可以通过提高幸存率，进而改善粪菌移植的治疗效果以及提升它在临床实践中有效实施的可行性力度。

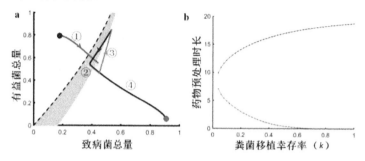

图 3-9　延长服药时长对对粪菌移植带来的影响

a. 延长药物预处理时间对粪菌移植的影响；b. 不同幸存率下相应药物预处理的时间范围。其中，蓝色的点划线表示特定幸存率下所需药物预处理的最短时间；红色点划线表示特定幸存率下所需药物预处理的最长时间

3.4.3　粪菌捐赠者

上述讨论中，我们假设所有移植粪菌来自没有接受过任何药物治疗的捐赠者。换言之，本章构建的 3 个粪菌模型中有益菌和致病菌的组成结构不同，但是致病菌内部的组成结构相同，即捐赠者未接受任何药物治疗前的组成状态（均为 50 000∶1）。但事实上，现实生活中，完全没有任何抗生素用药史的捐赠者相当少见。因此，这一小节中，我们将分析不同粪菌对总的有效治疗次数带来的影响。其中，不同粪菌可能来自不同捐赠者（即有益菌和致病菌组成结构），也可能有来自同一捐赠者（即有益菌和致病菌组成结构相同但是致病菌内部组成结构不同）。本小节重点讨论第二种情形，并且致病菌内部组成结构

不同由捐赠者有不同用药历史所致。

我们首先预测了不同粪菌对粪菌移植总的有效治疗次数带来的影响。模拟结果如图 3-10a 所示。其中，X 轴表示第 i 次感染（其中，$i=1，2，3\cdots$）。例如，横坐标 5 表示前 4 次接受单纯药物治疗，将从第 5 次感染开始接受粪菌移植。Y 轴表示有 j 次用药历史的粪菌（其中，$j=0，1，2，3\cdots$）。例如，2-D 表示所使用粪菌来自有两次抗生素治疗史的捐赠者。Z 轴表示接受粪菌移植治疗相应有效治疗次数。颜色条形柱表示执行粪菌移植前接受单纯药物治疗的次数。颜色从蓝色逐渐变为红色表示已感染并接受单纯药物治疗次数越来越多。从 X-Z 平面内，我们可以看到，越早采用粪菌移植治疗，粪菌移植的有效治疗次数越多。从 Y-Z 平面内，我们可以看到，捐赠者用药历史达到一定次数时，粪菌移植的有效治疗次数将会急剧下降。

此外，对比于单纯药物治疗，进一步分析了提前使用粪菌移植的优劣（见图 3-10b—d）。把粪菌移植分别提前到首次感染，第 10 次感染以及第 16 次感染后开始执行粪菌移植，图 3-9b—d 显示了使用不同粪菌相应有效治疗次数变化。

横坐标仍表示捐赠者已用药次数。纵坐标表示单纯药物治疗（用蓝色条形柱表示）和粪菌移植（用黄色条形柱表示）的总次数。

如图 3-10b 模拟了从首次感染开始就分别采用不同粪菌相应治疗次数变化。从图中可以看到，在捐赠者用药高达 14 次或 14 次以上时，总的有效治疗次数会大幅度减少。图 3-10c 和图 3-10d 中也观察到了类似的现象。这一模拟结果表明，在筛选粪菌捐赠者时，应优先考虑那些有相对较少用药历史的捐赠者。特别地，我们还发现，当提前到首次感染后就使用有 15 次用药史的粪菌时，粪菌移植结合药物治疗至多可以使用 6 次（见图 3-10c）中第 16 个条形柱）。如果第 16 次感染后开始使用粪菌移植，同一抗生素至多可以使用 17 次（见图 3-10d 中第 16 个条形柱）。换言之，提前使用有较多用药历史的粪菌将会加速患者体内菌群共生系统耐药性的暴发。

上述模拟结果，从理论上支撑了临床上筛选捐赠者的主要依据之一，即捐赠者应主要考虑疾病史较少或近期无用药史的健康个体。

3.4.4　粪菌移植次数

临床上，无论是采用粪菌移植治疗复发性 CDI 还是严重的 CDI 患者或由耐甲氧西林金

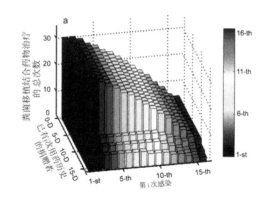

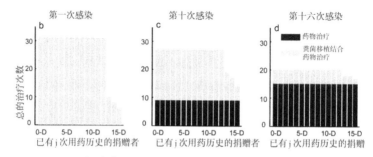

图 3-10 提前使用不同捐赠者的粪菌对粪菌移植的长远影响

a. 不同用药历史的捐赠者粪菌且提前使用相应总的有效治疗次数变化；

b. 从首次感染开始分别使用不同粪菌相应有效治疗次数的变化；

c. 从第 10 次感染开始分别使用不同粪菌相应有效治疗次数的变化；

d. 从第 16 次感染开始时，分别使用不同粪菌相应有效治疗次数的变化

黄色葡萄球菌诱发的肠炎患者，其在执行过程中一般都经鼻腔或采用胃造口术或空肠造口术经瘘管持续注入捐赠者的粪菌，以每 2～3 min 50 mL 的速度持续注射 30 min 后移除[48]。在有些案例中也有使用多次粪菌移植的情形[32]。但是在前面的分析中均采用一次粪菌移植来模拟临床上粪菌移植的完整过程。下面我们将探索移植次数对粪菌移植的影响。

这里将用常规捐赠者粪菌来模拟不同幸存率下多次粪菌移植相应起效范围的变化。经整理发现可能有如下两种情形，见图 3-11a 和 3-11b。

第一种情形：执行无穷次粪菌移植仅可局部覆盖非自愈区。如图 3-11a 中，0.03 倍幸存率下，用每 5 次粪菌移植起效范围增加幅度（用不同颜色来表示）来反映多次粪菌移植相应起效范围的变化情况。从图中可以直观看到，前 30 次粪菌移植过程中每 5 次粪菌移植的起效范围相对于前 5 次会逐渐减少。并且在执行高达 100 次粪菌移植后相应总的起效范

围也仅仅覆盖了整个非自愈区的局部区域。这是因为每 5 次粪菌移植的起效范围在随着粪菌移植治疗次数的增呈递减的趋势。当粪菌移植的次数趋于无穷时，增加的幅度将会趋于 0。这也意味着幸存率较小时，即使执行多次粪菌移植也仅可治愈部分疾病。

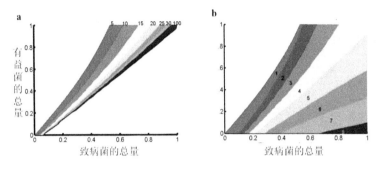

图 3-11　执行多次 FMT 相应粪菌移植起效范围的渐变过程
a. 无穷次半覆盖生病态的吸引域 ($k=0.07$)，其中不同颜色带宽表示每 5 次粪菌移植相应起效范围的增加量；b. 有限次全覆盖生病态的吸引域 ($k=0.3$)，其中不同颜色带宽表示每次粪菌移植相应起效范围的增加量

第二种情形：有限次粪菌移植可填满整个非自愈区。如图 3-11b 所示。当幸存率高达 20 倍时，执行 8 次粪菌移植相应起效范围可以填满整个生病区间。其中，不同颜色表示一次粪菌移植起效范围增多幅度。从图中我们可以明显看到，随着粪菌移植次数的增多，多次粪菌移植总的起效范围显著增加。进一步观察发现，每次增加的幅度也呈递增趋势。因此，系统执行有限次粪菌移植相应起效范围定可以覆盖整个生病区域。这就意味着采用 8 次粪菌移植可以治愈不同感染程度的疾病，也间接表明该治疗策略将会防止耐药性的出现。

综合上述分析可知，移植次数也是影响粪菌移植的关键因素，而且多次粪菌移植比一次粪菌移植可治疗范围更广。这也意味着药物辅之以多次粪菌移植可以被推荐用于治疗一些疑难杂症或由"超级细菌"引发的感染。

3.5　小　结

这一章首先对粪菌移植治疗耐药性感染过程进行建模。其次，基于第 2 章中提出的菌群动力学模型构建了不同捐赠者的粪菌模型。借助这些粪菌模型分析了两种不同粪菌移植（即单纯的粪菌移植和粪菌移植结合药物治疗）的相应治疗效果。研究表明，无论是单纯粪菌移植还是粪菌移植结合药物治疗都可以有效对抗耐药性感染。进一步深入分析粪菌移植的治疗过程，揭示了粪菌移植起效的根本机制，即主要利用移植进来的大量有益菌推动系统状态向健康态转移。最后探索发现，不同粪菌的捐赠者、粪菌移植的幸存率、药物预处理时间和粪菌移植次数等都是影响粪菌移植的关键因素。此外，根据模拟结果，还发现提前使用粪菌移植可以有效延缓或甚至阻止耐药性的出现。

第4章　用分段线性函数处理非线性 ODE 系统

4.1　介　绍

在第 2 章中，构建了合理的三维菌群动力学模型，并借助模型揭示了反复抗生素扰动下肠道菌群的耐药性形成机制以及粪菌移植在治疗耐药性感染中的起效机制。研究发现，抗生素扰动下菌群组成状态的改变足以解释耐药性的形成。但由于系统中饱和希尔函数的存在，导致定态解不可用解析的方法来确定。因此，第 2 章以及第 3 章得到的大多数结果，是在特定参数取值下通过数值模拟结合简单理论分析所得到。本章将借鉴基因调控网络中提出的分段线性函数近似希尔函数的方法来简化第 2 章构建的非线性菌群共生系统（4-1—4-3）并对系统进行相应的定性理论分析。

$$
\begin{cases}
\dfrac{\mathrm{d}P_s}{\mathrm{d}t} = r_p\left(1 - \dfrac{k_1 P_s + k_2 P_r}{k_p}\right)P_s - k_{PB}\dfrac{B^2}{B^2 + d^2}P_s - d_p P_s - \eta_T P_S & (4\text{-}1) \\[3mm]
\dfrac{\mathrm{d}P_T}{\mathrm{d}t} = r_p\left(1 - \dfrac{k_1 P_s + k_2 P_T}{k_p}\right)P_T - k_{PB}\dfrac{B^2}{B^2 + d^2}P_T - d_p P_s - \eta_T P_T & (4\text{-}2) \\[3mm]
\dfrac{\mathrm{d}B}{\mathrm{d}t} = r_B\left(1 - \dfrac{B}{k_B}\right)B - k_{BP}\dfrac{(k_1 P_s + k_2 P_T)^2}{(k_1 P_s + k_2 P_T)^2 + b^{12}}B - d_B b - \eta_B B & (4\text{-}3)
\end{cases}
$$

即本章中将用形如

$$
l_x^+(x;\theta_1,\theta_2) = \begin{cases}
l_1 & x < \theta_1 \\[2mm]
ux + v & \theta_1 \leqslant x < \theta_2 \\[2mm]
l_2 & x \geqslant \theta_2
\end{cases}
$$

的分段函数取代非线性模型（4-1—4-3）中单调递增的饱和希尔函数部分（或致病菌和有益菌之间的种间抑制项），从而改进系统（4-1—4-3）为新的系统

$$\begin{cases} \dfrac{\mathrm{d}P_S(t)}{\mathrm{d}t} = r_P(1 - \dfrac{k_1 P_S + k_2 P_T}{K_P})P_S - l_{PB}^+ P_S - (d_P + \eta_1)P_S & (4\text{-}4) \\[4mm] \dfrac{\mathrm{d}P_T(t)}{\mathrm{d}t} = r_P(1 - \dfrac{k_1 P_S + k_2 P_T}{K_P})P_T - l_{PB}^+ P_T - (d_P + \eta_2)P_T & (4\text{-}5) \\[4mm] \dfrac{\mathrm{d}B(t)}{\mathrm{d}t} = r_B(1 - \dfrac{B}{K_B})B - l_{BP}^+ B - (d_B + \eta_3)B & (4\text{-}6) \end{cases}$$

并对该系统的整体动力学行为进行定性分析及预测。其中，

$$l_{PB}^+(B; a_1^{'}, a_2^{'}) = \begin{cases} \alpha_1 & B < a_1^{'} \\[3mm] \dfrac{(\alpha_2 - \alpha_1)B + \alpha_1 a_2^{'} - \alpha_2 a_1^{'}}{a_2^{'} - a_1^{'}} & a_1^{'} \leqslant B < a_2^{'} \\[3mm] \alpha_2 & B \geqslant a_2^{'} \end{cases}$$

$$l_{BP}^+(P; b_1^{'}, b_2^{'}) = \begin{cases} \beta_1 & B < b_1^{'} \\[3mm] \dfrac{(\beta_2 - \beta_1)B + \beta_1 b_2^{'} - \beta_2 b_1^{'}}{b_2^{'} - b_1^{'}} & b_1^{'} \leqslant P < b_2^{'} \\[3mm] \beta_2 & P \geqslant b_2^{'} \end{cases}$$

且 $P = k_1 P_S + k_2 P_T$。

本章研究的主要内容如下。首先简要概述了分段线性函数近似希尔函数这一方法的来源、发展以及模型中用它近似希尔函数的合理性。通过这种近似方法将得到一个完全分段线性模型。其次，重点讨论未加药分段线性模型和持续加药分段线性模型的平衡点个数并采用 hurwitz 判别法判定各平衡点的局部稳定性。最后，通过数值模拟，检验了两个模型在不同参数条件下的长期动力学行为，并给出相应的生物学解释。

4.2 分段线性常微分方程的应用及发展

分段线性的常微分方程形式最初是由 Glass 和 Kauffman 提出的。他们证明了这种形式的常微分方程非常适用于建立基因调控网络[111]。而基因调控网络中，通常都用希尔函数刻画基因表达过程中的转录阶段[112]。但这种高度非线性希尔函数的存在，在精确模拟网络的同时，不可避免地限制了对许多分析

工具（用于理解和预测动力学行为）的使用。因此，有学者提出用分段线性函数近似基因调控网络中的希尔函数，进而简化方程[113−116]。这种近似处理主要用于刻画有类似开关特征的某些基因的表达。这类基因转录阶段受 S 型曲线调节。分段函数恰好可以刻画这种只有全激活（抑制）和零激活（抑制）状态的基因表达。可事实上，分段线性近似是希尔系数趋于无穷时的极限。如图 4-1中，呈现了一个希尔函数随希尔系数 n（其中，$n \in R^+$）增加而逐渐逼近一个分段线性函数的过程。从图中可以看到，只有当 n 充分大时，希尔函数才近似于一个类似开关的分段线性函数。更值得注意的是，这类分段线性函数在开启开关的阈值处没有定义。

为了避免上述问题，Plathe 和 Kjoglum 将这类分段线性函数进一步改进为包含中间部分（两个阈值）的分段线性函数[117]。换言之，基因表达过程中还存在除极端状态的中间状态。这部分状态相应函数是随蛋白浓度增加而线性递增（或递减）。随后也有不少基因调控网络，采用这类分段线性函数来刻画基因转录阶段[118−120]。已有研究结果表明，在不同假设下分段线性模型相对于非线性模型会保留有一些相同的定性行为。例如，Davidich 等人在研究酵母细胞周期控制网络和果蝇图案网络中，采用分段线性模型和非线性模型在某些情况下得到了类似的性质[120]。

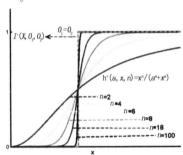

图 4-1 不同希尔系数相应希尔函数

红线表示只有一个阈值的分段线性函数；其余曲线表示不同希尔系数下相应希尔函数图像

4.3 非线性系统和分段线性系统

在第 2 章提出的广义种群动力学模型中，我们使用希尔函数

$$h^+(B) = k_{PB}\frac{B^2}{B^2 + a^2};$$

$$h^+(k_1 P_S + k_2 P) = k_{PB}\frac{(k_1 P_S + k_2 P_T)^2}{(k_1 P_S + k_2 P_T)^2 + b^2}$$

刻画致病菌和有益菌之间的种间相互抑制作用。当致病菌（或有益菌）的总量较少时，它们分泌的细菌毒素（或细菌素）也相当少。因此，致病菌（或有益菌）对有益菌（或致病菌）的抑制强度也非常小。当致病菌（或有益菌）的营养底物较为丰富时，致病菌（或有益菌）就开始迅速繁殖，相应地分泌的细菌毒素（细菌素）也逐渐增加，从而对有益菌（或致病菌）的抑制强度也逐渐递增。但是，致病菌（或有益菌）自身繁殖和增长也会受到营养底物和空间定植位点的限制而逐渐趋于饱和。因此，种间相互抑制强度也会有一个饱和状态。满足上述这种性能的函数，最先想到了希尔函数 $h^+(B)$ 和 $h^+(k_1 P_S + k_2 P)$。但是，这两个希尔函数的存在限制了我们对系统的定性理论分析。事实上，基因调控网络中提出的分段线性函数也满足上述性能，并且有两个阈值的分段线性函数更为合理些。因为在我们的模型中，希尔系数相对较小，相应希尔函数的中间部分有一段平滑上升的过程。所以本书在这一章将用含有两个阈值的分段线性函数来近似饱和的希尔函数。

在这一章中，用分段线性函数 $l_{PB}^+(B; a_1', a_2')$ 和 $l_{BP}^+(P; b_1', b_2')$ 来替换模型（4-1—4-3）中的希尔函数 $h^+(B)$ 和 $h^+(k_1 P_S + k_2 P_T)$，从而得到本章将讨论的系统（4-4—4-6）。在这里，α_1 和 α_2 分别表示有益菌对致病菌的最小抑制系数和最大抑制系数；β_1 和 β_2 分别表示致病菌对有益菌的最小抑制系数和最大抑制系数；a_1', a_2', b_1', b_2' 为相应的临界阈值。其中，$a_1' < a_2', b_1' < b_2', \alpha_1 < \alpha_2, \beta_1 < \beta_2$ 且所有参数都是非负数。

为了便于对系统进行参数分析，我们使用如下变换

$$\begin{cases} x = \dfrac{P_S}{K_P} \\ \\ y = \dfrac{P_T}{K_P} \\ \\ z = \dfrac{B}{K_B} \end{cases}$$

对系统（4-4—4-6）进行简化，并引入新的参数

$$a_1 = \frac{a_1^{'}}{K_B}, a_2 = \frac{a_2^{'}}{K_B}, b_1 = \frac{b_1^{'}}{K_P}, b_1 = \frac{b_2^{'}}{K_P}$$

进一步整理化简得到系统

$$\frac{dx(t)}{dt} = r_P[1 - (k_1 x + k_2 y)]x - l_{PB}^{+}x - (d_P + \eta_1)x \tag{4-7}$$

$$\frac{dy(t)}{dt} = r_P[1 - (k_1 x + k_2 y)]y - l_{PB}^{+}y - (d_P + \eta_2)y \tag{4-8}$$

$$\frac{dz(t)}{dt} = r_B(1 - z)z - l_{BP}^{+}z - (d_B + \eta_3)z \tag{4-9}$$

其中,

$$l_1^{+}(z; a_1, a_2) = \begin{cases} \alpha_1 & z < a_1 \\ \dfrac{(\alpha_2 - \alpha_1)z + \alpha_1 a_2 - \alpha_2 a_1}{a_2 - a_1} & a_1 \leqslant z < a_2 \\ \alpha_2 & z \geqslant a_2 \end{cases}$$

$$l_2^{+}(k_1 x + k_2 y; b_1, b_2) = \begin{cases} \beta_1 & k_1 x + k_2 y < b_1 \\ \dfrac{(\beta_2 - \beta_1)(k_1 x + k_2 y) + \beta_1 b_2 - \beta_2 b_1}{b_2 - b_1} & b_1 \leqslant k_1 x + k_2 y < b_2 \\ \beta_2 & k_1 x + k_2 y \geqslant b_2 \end{cases}$$

在这里, η_1, η_2 和 η_3 分别表示抗生素对敏感致病菌、耐药致病菌和有益菌的杀菌强度。为研究长期抗生素使用对系统带来的影响,接下来将分别讨论 η_1, η_2, $\eta_3 = 0$ 和 η_1, η_2, $\eta_3 \neq 0$ 两种情形下,分别对应未加药系统 (4-7—4-9) 和加药系统 (4-4—4-6) 动力学行为。此外,我们假设 $r_P - d_P - \alpha_2 > 0$, $r_B - d_B - \beta_2 > 0$, $R \neq 1$。其中, $R = \dfrac{(\alpha_2 - \alpha_1)(\beta_2 - \beta_1)}{r_P r_B (a_2 - a_1)(b_2 - b_1)}$。

4.4　基本性质及假设系统

$$\frac{dx(t)}{dt} = r_P[1 - (k_1 x + k_2 y)]x - l_{PB}^{+}x - d_P x \tag{4-10}$$

$$\frac{dy(t)}{dt} = r_P[1 - (k_1 x + k_2 y)]y - l_{PB}^{+}y - d_P y \tag{4-11}$$

$$\frac{dz(t)}{dt} = r_B(1 - z)z - l_{BP}^{+}z - d_B z \tag{4-12}$$

描述了健康人体内菌群共生系统，在没有外界扰动作用（如，感染疾病或接受抗生素治疗）时，在某一区域内的动力学行为。

从生物学的角度考虑，方程组（4-7—4-9）被限制在

$$D = \{(x(t),y(t),z(t)) \in R^{3+} ; k_1 x(t) + k_2 y(t) < \frac{r_P - d_P - \alpha_1}{r_P}, z(t) <$$

$\frac{r_B - d_B - \beta_1}{r_B}\}$ 内，且它的解满足初始条件 $x(0) \geqslant 0, y(0) \geqslant 0, z(0) \geqslant 0$。

下面我们先给出系统（4-10—4-12）的基本性质。

引理 1 满足初始条件 $x(0) \geqslant 0, y(0) \geqslant 0, z(0) \geqslant 0$ 且非负参数满足不等式 $a_1 < a_2, b_1 < b_2, \alpha_1 < \alpha_2, \beta_1 < \beta_2, r_B - d_B - \beta_2 > 0, r_P - d_P - \alpha_2 > 0$ 的系统（4-10—4-12）其 D 是正不变集。

证明：方程

$$\frac{dx(t)}{dt} = r_P[1 - (k_1 x + k_2 y)]x - l_{PB}^+ x - d_P x$$

$$\leqslant r_P[1 - (k_1 x + k_2 y)]x - \alpha_1 x - d_P x$$

$$\frac{dy(t)}{dt} = r_P[1 - (k_1 x + k_2 y)]y - l_{PB}^+ y - d_P y$$

$$\leqslant r_P[1 - (k_1 x + k_2 y)]y - \alpha_1 y - d_P y$$

$$\frac{dz(t)}{dt} = r_B(1 - z)z - l_{BP}^+ z - d_B z$$

$$\leqslant r_B(1 - z)z - \beta_1 z - d_B z$$

从而得到

$$0 \leqslant k_1 x + k_2 y \leqslant \frac{\frac{r_P - d_P - \alpha_1}{r_P}}{1 - C_{11} e^{-(r_P - d_P - a_1)t}},$$

$$0 \leqslant z(t) \leqslant \frac{\frac{r_B - d_B - \beta_1}{r_B}}{1 - C_{22} e^{-(r_B - d_B - \beta_1)t}}。$$

其中 C_{11}, C_{22} 为常数。故有

$$\limsup_{t \to 0}(k_1 x(t) + k_2 y(t)) \leqslant \frac{r_P - d_P - \alpha_1}{r_P};$$

$$\limsup_{t \to 0} z(t) \leqslant \frac{r_{\mathrm{B}} - d_{\mathrm{B}} - \beta_1}{r_{\mathrm{B}}}。$$

因此，系统（4-10—4-12）的可行域 D 是正不变集。得证。

4.5　未加药系统的定性分析

在这一小节，将在可行域 D 内且非负参数 $a_1 < a_2, b_1 < b_2$，$\alpha_1 < \alpha_2$，$\beta_1 < \beta_2$，$r_{\mathrm{B}} - d_{\mathrm{B}} - \beta_1 > 0$，$r_{\mathrm{P}} - d_{\mathrm{P}} - \alpha_1 > 0$ 的前提下，对系统（4-10—4-12）进行定性分析。

4.5.1　二维系统平衡点的存在性及稳定性

容易发现，系统（4-10—4-12）中的前两个方程相同初值出发将有相同的演化轨迹。因此，我们将引入新的变量 $P = k_1 x + k_2 y$ 来刻画菌群共生系统中致病菌的整体变化趋势。因此，三维模型（4-10—4-12）被降维且简化成与之等价的二维系统

$$\begin{cases} \dfrac{\mathrm{d}P(t)}{\mathrm{d}t} = r_{\mathrm{P}}(1 - P)P - l_{\mathrm{PB}}^+ P - d_{\mathrm{P}} P & (4\text{-}13) \\[3mm] \dfrac{\mathrm{d}z(t)}{\mathrm{d}t} = r_{\mathrm{B}}(1 - z)z - l_{\mathrm{BP}}^+ z - d_{\mathrm{B}} z & (4\text{-}14) \end{cases}$$

因此，在这一小节中，将分析系统（4-13—4-14）平衡点的存在性及稳定性行为。

类似于系统（4-10—4-12），我们可知系统（4-13—4-14）的可行域为正不变集

$$D_2 = \{(P(t), z(t)) \in R^{2+} : P(t) < \frac{r_{\mathrm{P}} - d_{\mathrm{P}} - \alpha_1}{r_{\mathrm{P}}}, z(t) < \frac{r_{\mathrm{B}} - d_{\mathrm{B}} - \beta_1}{r_{\mathrm{B}}}\}。$$

那么，接下来将在可行域 D_2 中分析系统（4-13—4-14）的整体动力学行为。

4.5.1.1　二维系统平衡点的存在性

容易发现，当 $r_{\mathrm{B}} - d_{\mathrm{B}} - \beta_1 > 0$，且 $r_{\mathrm{P}} - d_{\mathrm{P}} - \alpha_1 > 0$ 成立时，系统在坐标轴

上一定存在平衡点 $P_{10}(\dfrac{r_P-d_P-\alpha_1}{r_P},0)$，$P_{01}(0,\dfrac{r_B-d_B-\beta_1}{r_B})$ 和 $P_0(0,0)$。

我们记致病菌等倾线和有益菌的等倾线分别为：

$$l_P : r_P(1-P)P - l_{PB}^+ P - d_P P = 0,$$

$$L_z : r_B(1-z)z - l_{BP}^+ z - d_B z = 0。$$

当有益菌（致病菌）对致病菌（有益菌）的种间最大抑制系数小于致病菌（有益菌）的净增长率（即 $r_B-d_B-\beta_2>0$，且 $r_P-d_P-\alpha_2>0$）时，方能保证系统（4-13—4-14）的两等倾线一定落在第一象限内。因此，$r_P-d_P-\alpha_2>0$ 且 $r_B-d_B-\beta_2>0$，也是系统参数所应满足的约束条件。此时，系统在第一象限内至少有一个交点。综合上述分析，我们整理得到如下定理 4.1。

定理 4.1 当系统的非负参数满足 $r_P-d_P-\alpha_2>0$，$r_B-d_B-\beta_2>0$，$a_1<a_2$，$b_1<b_2$，$\alpha_1<\alpha_2$，$\beta_1<\beta_2$，（即参数满足向量 $\alpha_0 \in S_0$ 时，系统（4-13—4-14）在可行域 D_2 内一定存在平衡点 $P_{10}(\dfrac{r_P-d_P-\alpha_1}{r_P},0)$，$P_{01}(0,\dfrac{r_B-d_B-\beta_1}{r_B})$ 和 $P_0(0,0)$ 且在第一象限内至少有一个平衡点。其中，参数向量 $\alpha_0=(r_B,r_P,d_B,d_P,a_1,a_2,b_1,b_2,\alpha_1,\alpha_2,\beta_1,\beta_2)$，集合 $S_0=\{\alpha_0 \mid r_B-d_B>\alpha_2,r_P-d_P>\beta_2,a_1<a_2,b_1<b_2,\alpha_1<\alpha_2,\beta_1<\beta_2\}$。

注记：下面的分析都将在系统参数向量 $\alpha_0 \in S_0$ 这一大前提下进行。

为了便于分析，首先分别记这两条等倾线的中间线段所在直线为：

$$l_1 : r_P(1-P)P - \frac{(\alpha_2-\alpha_1)z+\alpha_1 \alpha_2-\alpha_2 \alpha_1}{a_2-a_1}P - d_P P = 0,$$

$$l_2 : r_B(1-z)z - \frac{(\beta_2-\beta_1)(k_1 x+k_2 y)+\beta_1 b_2-\beta_2 b_1}{b_2-b_1}z - d_B z = 0,$$

并构造了两个函数

$$f(P,z) = -[r_P(1-P) - \frac{(\alpha_2-\alpha_1)z+\alpha_1 \alpha_2-\alpha_2 \alpha_1}{a_2-a_1} - d_P],$$

$$g(P,z) = -[r_B(1-z) - \frac{(\beta_2-\beta_1)(k_1 x+k_2 y)+\beta_1 b_2-\beta_2 b_1}{b_2-b_1} - d_B]。$$

根据等倾线的相对位置，分析发现，这两条等倾线可能有无穷多个交点，3 个交点，2 个交点或 1 个交点。因为，当 $\dfrac{r_P(a_2-a_1)}{(\alpha_2-\alpha_1)}=\dfrac{(\beta_2-\beta_1)}{r_B(b_2-b_1)}$ 时，直线

l_1 和直线 l_2 可能平行也可能重合。如果这两条直线重合则这两条等倾线有无穷多个交点；否则平行，即只有一个交点。为了避免两等倾线有无穷多个交点这一情形，我们假设参数 $\dfrac{r_{\mathrm{P}}(a_2-a_1)}{(\alpha_2-\alpha_1)} \neq \dfrac{(\beta_2-\beta_1)}{r_{\mathrm{B}}(b_2-b_1)}$ 即 $R \neq 1$。

这也意味着两条等倾线的中间线段既不可能重合也不可能平行。因此，这两条等倾线至多有 3 个交点。

基于上述理论分析，进一步分析并找到系统在第一象限内存在 3 个平衡点的充要条件，详见定理 4.2。

定理 4.2 在非负参数向量 α_0 满足 S_0 的前提下，当系统参数满足不等式组

$$\begin{cases} b_1 - \dfrac{(\alpha_2-\alpha_1)\beta_1}{(\alpha_2-\alpha_1)r_{\mathrm{P}}r_{\mathrm{B}}} > M > b_2 - \dfrac{(\alpha_2-\alpha_1)\beta_2}{(\alpha_2-\alpha_1)r_{\mathrm{P}}r_{\mathrm{B}}} & (4\text{-}15) \\[3mm] a_1 - \dfrac{(\beta_2-\beta_1)\alpha_1}{(b_2-b_1)r_{\mathrm{P}}r_{\mathrm{B}}} > N > a_2 - \dfrac{(\beta_2-\beta_1)\alpha_2}{(b_2-b_1)r_{\mathrm{P}}r_{\mathrm{B}}} & (4\text{-}16) \\[3mm] R > 1 & (4\text{-}17) \end{cases}$$

时，系统（4-13—4-14）在第一象限内存在 3 个平衡点。其中，

$$M = 1 - \frac{(\alpha_2-\alpha_1)\dfrac{r_{\mathrm{B}}-d_{\mathrm{B}}}{r_{\mathrm{P}}r_{\mathrm{B}}}+\dfrac{\alpha_1 a_2-\alpha_2 a_1}{r_{\mathrm{P}}}}{(\alpha_2-\alpha_1)}-\frac{d_{\mathrm{P}}}{r_{\mathrm{P}}};$$

$$N = 1 - \frac{(\beta_2-\beta_1)\dfrac{r_{\mathrm{P}}-d_{\mathrm{P}}}{r_{\mathrm{P}}r_{\mathrm{B}}}+\dfrac{\beta_1 b_2-\beta_2 b_1}{r_{\mathrm{B}}}}{(b_2-b_1)}-\frac{d_{\mathrm{B}}}{r_{\mathrm{B}}}。$$

证明：（充分性）

当系统参数满足不等式（4-17）时，直线 l_1 和直线 l_2 必定相交，我们记交点为 $A_2(P^*, z^*)$，则 $P^* = \dfrac{M_1}{r_{\mathrm{P}}r_{\mathrm{B}}(1-R)}$，$z^* = \dfrac{M_2}{r_{\mathrm{P}}r_{\mathrm{B}}(1-R)}$。这里，

$$M_1 = \begin{vmatrix} r_{\mathrm{P}}-d_{\mathrm{P}}-\dfrac{a_1\alpha_2-a_2\alpha_1}{a_2-a_1} & \dfrac{\alpha_2-\alpha_1}{a_2-a_1} \\[3mm] r_{\mathrm{B}}-d_{\mathrm{B}}-\dfrac{\beta_1 b_2-\beta_2 b_1}{(b_2-b_1)} & r_{\mathrm{B}} \end{vmatrix};$$

$$M_2 = \begin{vmatrix} r_{\mathrm{P}}-d_{\mathrm{P}}-\dfrac{a_1\alpha_2-a_2\alpha_1}{a_2-a_1} & \dfrac{\alpha_2-\alpha_1}{a_2-a_1} \\[3mm] \dfrac{\beta_2-\beta_1}{b_2-b_1} & r_{\mathrm{B}}-d_{\mathrm{B}}-\dfrac{\beta_1 b_2-\beta_2 b_1}{(b_2-b_1)} \end{vmatrix}。$$

不等式（4-15）和（4-16）可等价变形为：

$$
\begin{cases}
-r_P(1-b_1)+\dfrac{(\alpha_2-\alpha_1)\dfrac{r_B-d_B-\beta_1}{r_B}+\alpha_1 a_2-\alpha_2 a_1}{a_2-a_1}+d_P>0;\\[4mm]
-r_P(1-b_2)+\dfrac{(\alpha_2-\alpha_1)\dfrac{r_B-d_B-\beta_2}{r_B}+\alpha_1 a_2-\alpha_2 a_1}{a_2-a_1}+d_P<0;\\[4mm]
-r_B(1-a_1)+\dfrac{(\beta_2-\beta_1)\dfrac{r_P-d_P-\alpha_1}{r_P}+\beta_1 b_2-\beta_2 b_1}{b_2-b_1}+d_B>0;\\[4mm]
-r_B(1-a_2)+\dfrac{(\beta_2-\beta_1)\dfrac{r_P-d_P-\alpha_2}{r_P}+\beta_1 b_2-\beta_2 b_1}{b_2-b_1}+d_B<0
\end{cases}
$$

即

$$
\begin{cases}
f(b_1,\dfrac{r_B-d_B-\beta_1}{r_B})>0 & ①\\[3mm]
f(b_2,\dfrac{r_B-d_B-\beta_2}{r_B})<0 & ②\\[3mm]
g(\dfrac{r_P-d_P-\alpha_1}{r_P},a_1)>0 & ③\\[3mm]
g(\dfrac{r_P-d_P-\alpha_2}{r_P},a_2)<0 & ④
\end{cases}
$$

由不等式①和④可知，等倾线 l_B 上阈值 $P=b_1$ 处的点 $(b_1,\dfrac{r_B-d_B-\beta_1}{r_B})$ 位 l_1 于直线上方，且等倾线 l_P 在阈值 $z=a_2$ 处的点 $(\dfrac{r_P-d_P-\alpha_2}{r_P},a_2)$ 位于直线 l_2 下方，故这两条等倾线在 $A_2(P^*,z^*)$ 的左上方定有一个交点（记为点 A_1）且 $P^*<a_2,z^*>b_1$。

由不等式②和③可知，等倾线 l_B 在阈值 $P=b_2$ 处的点 $(b_2,\dfrac{r_B-d_B-\beta_2}{r_B})$ 位于直线 l_1 下方且等倾线 l_P 在阈值 $z=a_1$ 处的点 $(\dfrac{r_P-d_P-\alpha_1}{r_P},a_1)$ 位于直线 l_2 上方，从而保证了这两条等倾线在 $A_2(P^*,z^*)$ 右下方定有一个交点（记为点 A_3）且 $P^*>a_1,z^*<b_2$。

综上分析可知：$a_1<P^*<a_2,b_2>z^*>b_1$。即点 $A_2(P^*,z^*)$ 也是两等倾

线中间线段的交点。故两等倾线在第一象限内存在 3 个平衡点 A_1、A_2 和 A_3。充分性得证。

4.5.1.2　平衡点的局部稳定性

在这里，首先记集合 $S_1 = \{\alpha_0 \mid b_1 - \dfrac{(\alpha^2 - \alpha^1)\beta_1}{(a^2 - a^1)r_P r_B} > M > b^2 - \dfrac{(\alpha^2 - \alpha^1)\beta_2}{(a^2 - a^1)r_P r_B},$

$a_1 - \dfrac{(\beta_2 - \beta_1)\alpha_1}{(b_2 - b_1)r_P r_B} > N > a_2 - \dfrac{(\beta_2 - \beta_1)\alpha_2}{(b_2 - b_1)r_P r_B}, R > 1, r_B - d_B > \alpha_2, r_P - d_P > \beta_2,$

$a_1 < a_2$，$b_1 < b_2$，$\beta_1 < \beta_2$，$\alpha_1 < \alpha_2\}$，$S_2 = \{\alpha_0 \mid \dfrac{r_P - d_P - \alpha_1}{r_P} = b_2\}$，$S_3 =$

$\{\alpha_0 \mid \dfrac{r_P - d_P - \alpha_2}{r_P} = b_1\}$，$S_4 = \{\alpha_0 \mid \dfrac{r_B - d_B - \beta_1}{r_B} = a_2\}$，$S_5 = \{\alpha_0 \mid \dfrac{r_B - d_B - \beta_2}{r_B} =$

$a_1\}$。$S_1 - S_2 = \{\alpha_0 \mid \alpha_0 \in S_1, \alpha_0 \notin S_2\}$。$S = (S_1 - S_2) \bigcup (S_1 - S_3) \bigcup (S_1 - S_4)$

$\bigcup (S_1 - S_5)$。

下面，通过计算系统在各平衡点处的雅可比矩阵，并结合 hurwitz 判别法讨论上述六个平衡点的稳定性。在这里，分别记系统在第一象限内的 3 个平衡点为 $P_{11}(x_{11}, z_{11})$，$P_{22}(x_{22}, z_{22})$ 和 $P_{33}(x_{33}, z_{33})$。

定理 4.3　当系统参数向量 $\alpha_0 \in S$ 时，平衡点 P_0、P_{01}、P_{10} 和 P_{22} 均不稳定；平衡点 P_{11} 和 P_{33} 局部渐近稳定。

证明：系统在各平衡点处的雅可比矩阵分别如下：

$$J(P_0) = \begin{pmatrix} r_P - d_P - \alpha_1 & 0 \\ 0 & r_B - d_B - \beta_1 \end{pmatrix},$$

$$J(P_{01}) = \begin{pmatrix} D_{11} & 0 \\ 0 & r_B - d_B - \beta_1 \end{pmatrix},$$

$$J(P_{10}) = \begin{pmatrix} r_P - d_P - \alpha_1 & 0 \\ 0 & D_{22} \end{pmatrix}。$$

其中，

$$D_{11} = \begin{cases} r_P - \alpha_1 - d_P \dfrac{r_B - d_B - \beta_1}{r_B} \leqslant a_1 \\ r_P - \dfrac{(\alpha_2 - \alpha_1)\dfrac{r_B - d_B - \beta_1}{r_B} + \alpha_1 a_2 - \alpha_2 a_1}{a_2 - a_1} - d_P a_1 < \dfrac{r_B - d_B - \beta_1}{r_B} \leqslant a_2 \\ r_P - \alpha_2 - d_P \dfrac{r_B - d_B - \beta_1}{r_B} > a_2 \end{cases}$$

$$D_{22} = \begin{cases} r_{\mathrm{B}} - \beta_1 - d_{\mathrm{B}} \dfrac{r_{\mathrm{B}} - d_{\mathrm{B}} - \beta_1}{r_{\mathrm{B}}} \leqslant a_1 \\[3mm] r_{\mathrm{B}} - \dfrac{(\beta_2 - \beta_1) \dfrac{r_{\mathrm{P}} - d_{\mathrm{P}} - \alpha_1}{r_{\mathrm{P}}} + \beta_1 b_2 - \beta_2 b_1}{b_2 - b_1} - d_{\mathrm{B}} b_1 < \dfrac{r_{\mathrm{P}} - d_{\mathrm{P}} - \alpha_1}{r_{\mathrm{P}}} \leqslant b_2 \\[3mm] r_{\mathrm{B}} - \beta_2 - d_{\mathrm{B}} \dfrac{r_{\mathrm{P}} - d_{\mathrm{P}} - \alpha_1}{r_{\mathrm{P}}} > b_2 \end{cases}$$

显然，$D_{11} \geqslant r_{\mathrm{P}} - d_{\mathrm{P}} - \alpha_2 > 0$；$D_{22} \geqslant r_{\mathrm{B}} - d_{\mathrm{B}} - \beta_2 > 0$。因此，平衡点 P_0，P_{01}，P_{10} 均不稳定。

系统在平衡点 P_{11}，P_{22} 和 P_{33} 处的雅克比矩阵分别为：

$$J(P_{11}) = \begin{pmatrix} -r_{\mathrm{P}} x_{11} & -x_{11} \dfrac{\partial l_1^+(z; a_1, a_2)}{\partial z}\Big|_{z=z_{11}} \\[4mm] -z_{11} \dfrac{\partial l_2^+(P; b_1, b_2)}{\partial P}\Big|_{P=x_{11}} & -r_{\mathrm{B}} z_{11} \end{pmatrix},$$

$$J(P_{22}) = \begin{pmatrix} -r_{\mathrm{P}} x_{22} & -x_{22} \dfrac{\partial l_1^+(z; a_1, a_2)}{\partial z}\Big|_{z=z_{22}} \\[4mm] -z_{22} \dfrac{\partial l_2^+(P; b_1, b_2)}{\partial P}\Big|_{P=x_{22}} & -r_{\mathrm{B}} z_{22} \end{pmatrix},$$

$$J(P_{33}) = \begin{pmatrix} -r_{\mathrm{P}} x_{33} & -x_{33} \dfrac{\partial l_1^+(z; a_1, a_2)}{\partial z}\Big|_{z=z_{33}} \\[4mm] -z_{33} \dfrac{\partial l_2^+(P; b_1, b_2)}{\partial P}\Big|_{P=x_{33}} & -r_{\mathrm{B}} z_{33} \end{pmatrix}。$$

进一步，结合系统有 3 个交点的时等倾线的相对位置可知：$-z_{11} \dfrac{\partial l_2^+(P; b_1, b_2)}{\partial P}\Big|_{P=x_{11}}$ 和 $-x_{11} \dfrac{\partial l_1^+(z; a_1, a_2)}{\partial z}\Big|_{z=z_{11}}$ 中至少有一个为零。因此，平衡点 P_{11} 处的特征值分别为：$-r_{\mathrm{P}} x_{11}$ 和 $-r_{\mathrm{B}} z_{11}$。故平衡点 P_{11} 局部渐近稳定。

类似地，$-z_{33} \dfrac{\partial l_2^+(P; b_1, b_2)}{\partial P}\Big|_{P=x_{33}}$ 和 $-x_{33} \dfrac{\partial l_1^+(z; a_1, a_2)}{\partial z}\Big|_{z=z_{33}}$ 中也至少有一个为零。故系统在 P_{33} 处的特征值分别为：$-r_{\mathrm{P}} x_{33}$ 和 $-r_{\mathrm{B}} z_{33}$。故平衡点 P_{33} 也局部渐近稳定。

但是，$-z_{22} \dfrac{\partial l_2^+(P; b_1, b_2)}{\partial P}\Big|_{P=x_{22}} = \dfrac{\alpha_1 - \alpha_2}{a_1 - a_2}$；$-x_{22} \dfrac{\partial l_1^+(z; a_1, a_2)}{\partial z}\Big|_{z=z_{22}} = \dfrac{\beta_1 - \beta_2}{b_1 - b_2}$。故系统在平衡点 P_{22} 处的特征值方程为：

$$(\lambda + r_{\mathrm{P}} x_{22})(\lambda + r_{\mathrm{B}} z_{22}) - x_{22} z_{22} \frac{\alpha_1 - \alpha_2}{a_1 - a_2} \frac{\beta_1 - \beta_2}{b_1 - b_2} = 0,$$

则

$$\begin{cases} \lambda_1 + \lambda_2 = -(r_{\mathrm{P}} x_{22} + r_{\mathrm{B}} z_{22}) < 0, \\ \lambda_1 \lambda_2 = x_{22} z_{22} \left(r_{\mathrm{P}} r_{\mathrm{B}} - \dfrac{\alpha_1 - \alpha_2}{a_1 - a_2} \dfrac{\beta_1 - \beta_2}{b_1 - b_2} \right) = x_{22} z_{22} r_{\mathrm{P}} r_{\mathrm{B}} (1 - R) < 0, \end{cases}$$

即系统在平衡点 P_{22} 处的特征值为一对异号实根，故该平衡点为不稳定鞍点，得证。

数值模拟一：固定参数 $r_{\mathrm{B}} = 0.718, r_{\mathrm{P}} = 0.664, d_{\mathrm{B}} = 0.751, d_{\mathrm{P}} = 0.050\,1$，$a_1 = 0.2$，$a_2 = 0.4, b_1 = 0.1, b_2 = 0.3, \alpha_1 = 0.22, \alpha_2 = 0.34, \beta_1 = 0.15, \beta_2 = 0.55$，根据计算可知，系统参数满足约束条件 S。系统相应向量场图见图 4-2。在向量场图中，蓝色的实点表示健康态 P_{11}（0.149 9，0.807 3），红色的实点表示生病态 P_{33}（0.948 3，0.062 3）。系统（4-13—4-14）还存在 4 个不稳定平衡点 P_0（0，0），P_{01}（0，0.807 3），P_{11}（0.948 3，0）以及 P_{22}（0.512，0.491 4）。其中，过不稳定鞍点 P_{22} 处的稳定流形 m_1 将整个区间分为可自愈区 D_1 和非自愈区 D_2 两部分。当初值从可自愈区 D_1 出发时，系统轨迹最终将被稳定健康态 P_{11} 吸引。当初值从非自愈区 D_2 出发时，系统轨迹最终将会被稳定生病态 P_{33} 吸引。图 4-2 中数值模拟结果也证明定理 4.2 及 4.3 理论分析正确。

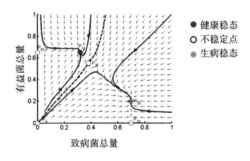

图 4-2　系统在第一象限内存在 3 个平衡点时，相应向量场图

4.5.2　二维系统的分支情形

在第 2 章中，我们通过数值模拟已发现，有益菌以及种间抑制作用都是影

响耐药性形成的关键因素。因此，这一小节将重点分析有益菌对致病菌的最大抑制系数以及致病菌对有益菌的最大抑制系数发生变化时，相应系统动力学行为。详见定理 4.4 和定理 4.5。

定理 4.4 系统（4-13—4-14）的非负参数满足不等式组

$$\begin{cases} b_1 + r_B\left[(1-a_1) - d_B - \beta_1\right]\dfrac{b_1 - b_2}{\beta_1 - \beta_2} < \dfrac{r_P - d_P - \alpha_1}{r_P} < b_2 & (4\text{-}18) \\[4mm] 0 < \dfrac{r_B - d_B - \beta_2}{r_B} < a_1 < a_2 < \dfrac{r_B - d_B - \beta_1}{r_B} & (4\text{-}19) \\[4mm] 0 < \dfrac{r_P - d_P - \alpha_2}{r_P} & (4\text{-}20) \end{cases}$$

时，下面结论成立：

（1）当 $b_1 + r_B\left[(1-a_2) - d_B - \beta_1\right]\dfrac{b_1 - b_2}{\beta_1 - \beta_2} < \dfrac{r_P - d_P - \alpha_2}{r_P}$ 时，系统在第一象限内存在一个平衡点且局部渐近稳定。

（2）当 $b_1 + r_B\left[(1-a_2) - d_B - \beta_1\right]\dfrac{b_1 - b_2}{\beta_1 - \beta_2} = \dfrac{r_P - d_P - \alpha_2}{r_P}$ 时，系统在第一象限内存在两个平衡点。

（3）除 $\dfrac{r_P - d_P - \alpha_2}{r_P} = b_1$ 外，当 $b_1 + r_B\left[(1-a_2) - d_B - \beta_1\right]\dfrac{b_1 - b_2}{\beta_1 - \beta_2} > \dfrac{r_P - d_P - \alpha_2}{r_P}$ 时，系统在第一象限内一定存在 3 个平衡点 P_{11}，P_{33} 和 P_{22}。其中，P_{11} 和 P_{33} 局部渐近稳定，P_{22} 为不稳定鞍点。

证明：不等式 $b_1 + r_B\left[(1-a_1) - d_B - \beta_1\right]\dfrac{b_1 - b_2}{\beta_1 - \beta_2} < \dfrac{r_P - d_P - \alpha_1}{r_P}$ 可等价变形为：

$$g\left(\frac{r_P - d_P - \alpha_1}{r_P}, a_1\right) > 0$$

即点 $\left(\dfrac{r_P - d_P - \alpha_1}{r_P}, a_1\right)$ 位于直线 l_2 上方，进一步结合不等式（4-19）可知，两等倾线在右下方始终存在交点 $P_{33}\left(\dfrac{r_P - d_P - \alpha_1}{r_P}, y_3\right)$。

进一步，借助定理 4.3 中平衡点 P_{33} 处雅可比矩阵分析可知，该平衡点一定局部渐近稳定。

(1) 当 $b_1 + r_B\left[(1-a_2) - d_B - \beta_1\right]\dfrac{b_1 - b_2}{\beta_1 - \beta_2} < \dfrac{r_P - d_P - \alpha_2}{r_P}$ 成立时，可知：

$$g\left(\frac{r_P - d_P - \alpha_2}{r_P}, a_2\right) > 0$$

即点 $\left(\dfrac{r_P - d_P - \alpha_2}{r_P}, a_2\right)$ 也位于直线 l_2 上方。即两等倾线在纵坐标大于 a_1 的上半部分不存在交点。因此，系统在第一象限内仅有一个稳定平衡点 P_{33}。即结论（1）成立。

(2) 当 $b_1 + r_B\left[(1-a_2) - d_B - \beta_1\right]\dfrac{b_1 - b_2}{\beta_1 - \beta_2} = \dfrac{r_P - d_P - \alpha_2}{r_P}$ 成立时，可知：

$$g\left(\frac{r_P - d_P - \alpha_2}{r_P}, a_2\right) = 0$$

即点 $\left(\dfrac{r_P - d_P - \alpha_2}{r_P}, a_2\right)$ 在直线 l_2 上，故两等倾线在第一象限内存在两个平衡点 P_{22} 和 P_{33}。

由于，$l_1^+(z; a_1, a_2)$ 在阈值 $z = a_2$ 处关于 z 不可导，因此，这里平衡点 P_{22} 处的稳定性不予讨论。结论（2）成立。

(3) 当 $b_1 + r_B\left[(1-a_2) - d_B - \beta_1\right]\dfrac{b_1 - b_2}{\beta_1 - \beta_2}\}$ 成立时，可知：

$$g\left(\frac{r_P - d_P - \alpha_2}{r_P}, a_2\right) < 0$$

即点 $\left(\dfrac{r_P - d_P - \alpha_2}{r_P}, a_2\right)$ 位于直线 l_2 下方。结合不等式（4-18）和（4-19）可知，两等倾线中间线段的交点 P_{22} 一定存在。此外，在左上方还存在交点 P_{11}。

由于 $l_2^+(P; b_1, b_2)$ 在 $P = b_1$ 处不可导。因此，除 $\dfrac{r_P - d_P - \alpha_2}{r_P} = b_1$ 之外，系统在第一象限内的平衡点稳定性均可以借助定理 4.3 中平衡点 P_{11}，P_{22} 和 P_{33} 处雅可比矩阵来判断。经分析可知，平衡点 P_{11} 和 P_{33} 局部渐近稳定，而平衡点 P_{22} 为不稳定鞍点。故结论（3）成立。

数值模拟二中给出了不同 $\frac{2}{}$ 下等倾线变化相应系统平衡点个数变化及稳定性情形（见图 4-3）。

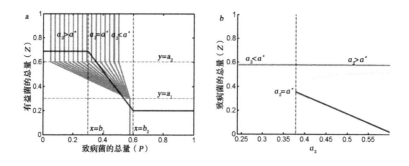

图 4-3 致病菌对有益菌最大抑制系数 α_2 变化

a. 系统等倾线变化图；b. 平衡点个数及稳定性变化图。

左图中蓝色表示有益菌等倾线；红色表示致病菌等倾线。右图中红色和蓝色分别表示稳定平衡点；天蓝色表示不稳定平衡点

数值模拟二：下面将通过数值模拟来检验定理 4.4 的正确性。固定参数 $r_P = 0.664$，$r_B = 0.718$，$d_P = 0.050\,1$，$d_B = 0.075\,1$，$a_1 = 0.3$，$a_2 = 0.6$，$b_1 = 0.1$，$b_2 = 0.3$，$\alpha_1 = 0.23$，$\beta_1 = 0.15$，$\beta_2 = 0.55$。经计算可得：满足定理 4.4 中不等式（4-15—4-17）时，相应 α_2 的取值范围为区间（0.23，0.642 9）。

图 4-3a 反映了 α_2 变化时相应两等倾线交点个数及相应位置。其中，红线表示致病菌的等倾线，蓝线表示有益菌的等倾线。4-3b 反映了系统在该组参数下，第一象限内各平衡点的稳定性。其中，蓝色表示系统存在稳定的健康态；红色表示系统存在稳定的生病态；天蓝色表示系统存在鞍点。从图中我们可以看到，当 $\alpha_2 < \alpha^*$（即有益菌对致病菌的抑制作用较小）时，系统只存在稳定生病态（见图 4-3b 中红线）。$\alpha_2 = \alpha^*$ 为分支点。此时，系统存在稳定的两个平衡点。当 $\alpha_2 > \alpha^*$（即有益菌对致病菌的抑制作用较大）时，系统产生双稳现象，稳定健康态和生病态共存。因此，数值模拟结果同定理 4.4 描述内容一致。这里，$\alpha^* = r_P - d_P - r_P\{b_1 + r_B[(1 - a_1) - d_B - \beta_1]\dfrac{b_1 - b_2}{\beta_1 - \beta_2}\}$。

类似地，当致病菌对有益菌的最大抑制系数 β_2 发生变化时，系统平衡点的个数也会发生变化，详见定理 4.5 及数值模拟三。

定理 4.5 系统（4-13—4-14）的非负参数满足不等式组

$$\begin{cases} 0 < \dfrac{r_B - d_B - \beta_2}{r_B} < a_2 < \dfrac{r_B - d_B - \beta_1}{r_B} & (4\text{-}21) \\[4mm] 0 < \dfrac{r_P - d_P - \alpha_2}{r_P} < b_1 < b_2 < \dfrac{r_P - d_P - \alpha_1}{r_P} & (4\text{-}22) \end{cases}$$

的前提下，对于系统（4-13—4-14）下面结论成立：

（1）当 $a_1 + r_P[(1-b_2) - d_P - \alpha_1]\dfrac{a_1 - a_2}{\alpha_1 - \alpha_2} < \dfrac{r_B - d_B - \beta_2}{r_B}$ 时，系统在第一象限内存在一个平衡点且局部渐近稳定。

（2）当 $a_1 + r_P[(1-b_2) - d_P - \alpha_1]\dfrac{a_1 - a_2}{\alpha_1 - \alpha_2} = \dfrac{r_B - d_B - \beta_2}{r_B}$ 时，系统在第一象限内存在两个平衡点。

（3）除 $\dfrac{r_B - d_B - \beta_2}{r_B} = a_1$ 外，当 $a_1 + r_P[(1-b_2) - d_P - \alpha_1]\dfrac{a_1 - a_2}{\alpha_1 - \alpha_2} > \dfrac{r_B - d_B - \beta_2}{r_B}$ 时，系统在第一象限内一定存在 3 个平衡点 P_{11}，P_{22} 和 P_{33}。其中，P_{11} 和 P_{33} 局部渐近稳定，P_{22} 为不稳定鞍点。

证明：由不等式 $a_2 < \dfrac{r_B - d_B - \beta_1}{r_B}$ 和 $0 < \dfrac{r_P - d_P - \alpha_2}{r_P} < b_1$ 可知，两等倾线 L_P 和 L_B 在第一象限左上方的交点定存在，且该交点即点 $P_{11}(\dfrac{r_P - d_P - \alpha_2}{r_P},$ $\dfrac{r_B - d_B - \beta_1}{r_B})$。

进一步，借助定理 4.3 中平衡点 P_{11} 处雅可比矩阵分析可知，该平衡点处特征根为两个负实根。因此，该平衡点局部渐近稳定。

此外，显然还有

$$f(b_1, \frac{r_B - d_B - \beta_1}{r_B}) > 0 \qquad\qquad ①$$

成立。

（1）当 $a_1 + r_P[(1-b_2) - d_P - \alpha_1]\dfrac{a_1 - a_2}{\alpha_1 - \alpha_2} < \dfrac{r_B - d_B - \beta_2}{r_B}$ 成立时，可知：

$$f(b_2, \frac{r_B - d_B - \beta_2}{r_B}) > 0 \qquad\qquad ②$$

结合不等式①和②可知，点 $(b_1, \dfrac{r_B - d_B - \beta_1}{r_B})$ 和 $(b_2, \dfrac{r_B - d_B - \beta_2}{r_B})$ 也位于直线 l_1 上方。因此，两等倾线在横坐标大于 b_1 的右半部分不存在交点。因此，系统在第一象限内仅有 1 个稳定平衡点 P_{11}。即结论（1）成立。

（2）当 $a_1 + r_P[(1-b_2) - d_P - \alpha_1]\dfrac{a_1 - a_2}{\alpha_1 - \alpha_2} = \dfrac{r_B - d_B - \beta_2}{r_B}$ 成立时，

$$f(b_2, \frac{r_{\mathrm{B}} - d_{\mathrm{B}} - \beta_2}{r_{\mathrm{B}}}) = 0$$

即点 $(b_2, \frac{r_{\mathrm{B}} - d_{\mathrm{B}} - \beta_2}{r_{\mathrm{B}}})$ 在直线 l_1 上，故两等倾线在第一象限内存在两个平衡点 P_{11} 和 $P_{22}(b_2, \frac{r_{\mathrm{B}} - d_{\mathrm{B}} - \beta_2}{r_{\mathrm{B}}})$。由于 $l_2^+(P; b_1, b_2)$ 在阈值 $P = b_2$ 处关于 P 不可导，因此，这里平衡点 P_{22} 处的稳定性不予讨论。结论（2）成立。

（3）当 $a_1 + r_{\mathrm{P}}[(1 - b_2) - d_{\mathrm{P}} - \alpha_1] \frac{a_1 - a_2}{\alpha_1 - \alpha_2} > \frac{r_{\mathrm{B}} - d_{\mathrm{B}} - \beta_2}{r_{\mathrm{B}}}$ 成立时，可知：

$$f(b_2, \frac{r_{\mathrm{B}} - d_{\mathrm{B}} - \beta_2}{r_{\mathrm{B}}}) < 0$$

即点 $(b_2, \frac{r_{\mathrm{B}} - d_{\mathrm{B}} - \beta_2}{r_{\mathrm{B}}})$ 位于直线 l_1 下方。结合不等式（4-22）可知，两等倾线在纵坐标等于 $\frac{r_{\mathrm{B}} - d_{\mathrm{B}} - \beta_2}{r_{\mathrm{B}}}$ 处，必然有一交点中间线段的交点 $P_{33}(x_{33}, \frac{r_{\mathrm{B}} - d_{\mathrm{B}} - \beta_2}{r_{\mathrm{B}}})$。此外，结合系统在在左上方还存在交点 P_{11} 可知，两等倾线的中间线段必然有交点 P_{22}。

由于 $l_1^+(z; a_1, a_2)$ 在 $z = a_1$ 处不可导。因此，除 $\frac{r_{\mathrm{B}} - d_{\mathrm{B}} - \beta_2}{r_{\mathrm{B}}} = a_1$ 之外，系统在第一象限内的平衡点稳定性均可以借助定理 4.3 中平衡点 P_{11}，P_{22} 和 P_{33} 处雅可比矩阵来判断。经分析可知，平衡点 P_{11} 和 P_{33} 局部渐近稳定，而平衡点 P_{22} 为不稳定鞍点。故结论（3）成立。

数值模拟三：下面将通过数值模拟来检验定理 4.5 的正确性（详见图 4-4）。

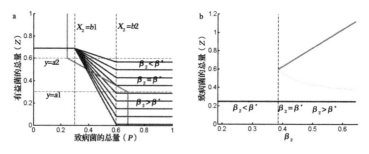

图 4-4　致病菌对有益菌最大抑制系数 β_2 变化下

a. 系统等倾线变化图；b. 平衡点个数及稳定性变化图

左图中蓝色表示有益菌等倾线；红色表示致病菌等倾线。右图中，红色和蓝色分别表示稳定平衡点；天蓝色表示不稳定平衡点

固定参数 $r_P = 0.664$，$r_B = 0.718$，$d_P = 0.050\,1$，$d_B = 0.075\,1$，$a_1 = 0.3$，$a_2 = 0.6$，$b_1 = 0.3$，$b_2 = 0.6$，$\alpha_1 = 0.16$，$\alpha_2 = 0.45$，$\beta_1 = 0.15$。经计算可得：满足约束条件下相应 β_2 的取值范围为 $(0.15, 0.642\,9)$。图 4-4a 中直观反映了 β_2 变化时相应两等倾线交点个数及相应位置。图 4-4b 中反映了系统在该组参数下，第一象限内各平衡点的稳定性。其中，蓝色表示系统存在稳定的健康态；红色表示系统存在稳定的生病态；天蓝色表示系统存在鞍点。从图中我们可以看到，当 $\beta_2 < \beta^*$（即致病菌对有益菌的抑制作用较小）时，系统只有稳定的健康态。$\beta_2 = \beta^*$（其中，$\beta_2^{*} = r_B - d_B - r_B\{a_1 + r_P[(1-b_2) - d_P - \alpha_1]\dfrac{a_1 - a_2}{\alpha_1 - \alpha_2}\}$）为分支点（见图 4-4b 中黑色虚线）。此时，系统存在两个平衡点。当 $\beta_2 > \beta^*$ 时，即致病菌对有益菌的抑制作用较大，系统产生双稳现象，稳定健康态和稳定生病态共存。因此，数值模拟结果同定理 4.5 描述内容一致。

4.5.3　三维系统的定性分析

在这一小节，将在可行域 D 内分析系统（4-10—4-12）的动力学行为。

首先记参数向量 $\beta = (r_B, r_P, d_B, d_P, a_1, a^2, b_1, b_2, \alpha_1, \alpha_2, \beta_1, \beta_2, k_1, k_2)$，集合 $S_6 = \{\beta | \alpha_0 \in S, 0 \leqslant k_1 < 1, 0 \leqslant k_2 < 1, k_1 + k_2 = 1\}$。

考虑到系统（4-10—4-12）在致病菌和有益菌所组成的相平面（即 $P-Z$ 平面）内和系统（4-13—4-14）有完全相同的动力学行为。因此，我们可以基于系统（4-13—4-14）的定理 4.2 和定理 4.3 在三维相空间内类似得到有关系统（4-10—4-12）的定理 4.6 和定理 4.7。

定理 4.6　当非负参数向量 β 满足非空集 S_6 时，下面结论一定成立：

（1）系统在可行域 D 内始终存在平衡点 $P_{000}(0,0,0)$，$P_{001}(0,0,\dfrac{r_B - d_B - \beta_1}{r_B})$ 以及落在空间线段 L_{10} 上的平衡点记为 P_{10}^{*}。

（2）当且仅当系统参数满足不等式组

$$
\begin{cases}
b_1 - \dfrac{(\alpha_2 - \alpha_1)\beta_1}{(a_2 - a_1)r_P r_B} > M > b_2 - \dfrac{(\alpha_2 - \alpha_1)\beta_2}{(a_2 - a_1)r_P r_B} \\
a_1 - \dfrac{(\beta_2 - \beta_1)\alpha_1}{(b_2 - b_1)r_P r_B} > N > a_2 - \dfrac{(\beta_2 - \beta_1)\alpha_2}{(b_2 - b_1)r_P r_B} \\
R > 1
\end{cases}
$$

时，系统（4-10—4-12）在第一象限内的平衡点分别落在了三条空间线段 L_{11}, L_{22} 和 L_{33} 上。其中，

$$
\begin{cases}
M = 1 - \dfrac{(\alpha_2 - \alpha_1)\dfrac{r_B - d_B}{r_P r_B} + \dfrac{\alpha_1 a_2 - \alpha_2 a_1}{r_P}}{(a_2 - a_1)} - \dfrac{d_P}{r_P}, \\[4mm]
N = 1 - \dfrac{(\beta_2 - \beta_1)\dfrac{r_P - d_P}{r_P r_B} + \dfrac{\beta_1 b_2 - \beta_2 b_1}{r_B}}{(b_2 - b_1)} - \dfrac{d_B}{r_B}。
\end{cases}
$$

$$
\begin{cases}
L_{10}: k_1 x + k_2 y = \dfrac{r_P - d_P - \alpha_1}{r_P}; z = 0; \\[3mm]
0 \leqslant x \leqslant \dfrac{r_P - d_P - \alpha_1}{k_1 r_P}; 0 \leqslant y \leqslant \dfrac{r_P - d_P - \alpha_1}{k_2 r_P}
\end{cases}
$$

$$
L_{11}: k_1 x + k_2 y = x_{11}; z = z_{11}; 0 \leqslant x \leqslant \frac{x_{11}}{k_1}; 0 \leqslant y \leqslant \frac{x_{11}}{k_2}。
$$

$$
L_{22}: k_1 x + k_2 y = x_{22}; z = z_{22}; 0 \leqslant x \leqslant \frac{x_{22}}{k_1}; 0 \leqslant y \leqslant \frac{x_{22}}{k_2}。
$$

$$
L_{33}: k_1 x + k_2 y = x_{33}; z = z_{33}; 0 \leqslant x \leqslant \frac{x_{33}}{k_1}; 0 \leqslant y \leqslant \frac{x_{33}}{k_2}。
$$

为了便于表示，在这里我们将用平衡点 $P_{10}^*(x_{10}, y_{10}, 0)$, $P_1(x_1^*, y_1^*, z_{11})$, $P_2(x_2^*, y_2^*, z_{22})$ 和 $P_3(x_3^*, y_3^*, z_{33})$ 分别表示落在空间线段 L_{10}, L_{11}, L_{22} 和 L_{33} 上的四大类平衡点。其中，$k_1 x_{10} + k_2 y_{10} = \dfrac{r_P - d_P - \alpha_1}{r_P}$; $k_1 x_1^* + k_2 y_1^* = x_{11}$; $k_1 x_2^* + k_2 y_2^* = x_{22}$; $k_1 x_3^* + k_2 y_3^* = x_{33}$。 下面将使用雅可比矩阵并结合 hurwitz 判别法讨论各平衡点的稳定性，详见定理 4.7。

定理 4.7 当系统的非负参数向量 β 满足非空集 S_6 时，平衡点 P_{001}（0，0，$\dfrac{r_B - d_B - \beta_1}{r_B}$），以及空间线段 L_{10} 和空间线段 L_{22} 上的平衡点均不稳定；空间线段 L_{11} 和 L_{33} 上各平衡点处的特征值 P_{000}（0，0，0）都具有一个零特征值和两个负实根。

证明：系统在各平衡点处的雅可比矩阵分别如下：

$$
J(P_{000}) = \begin{bmatrix} r_P - d_P - \alpha_1 & 0 & 0 \\ 0 & r_P - d_P - \alpha_1 & 0 \\ 0 & 0 & r_B - d_B - \beta_1 \end{bmatrix}
$$

$$J(P_{001}) = \begin{vmatrix} B_{11} & B_{12} & B_{13} \\ B_{21} & B_{22} & B_{23} \\ B_{31} & B_{32} & B_{33} \end{vmatrix}$$

其中，$B_{12}=0$；$B_{13}=0$；$B_{21}=0$；$B_{23}=0$；$B_{33}=-(r_{\mathrm{B}}-d_{\mathrm{B}}-\beta_1)$；$B_{11}=B_{22}$；

$$B_{11}=\begin{cases} r_{\mathrm{P}}-\alpha_1-d_{\mathrm{P}}\dfrac{r_{\mathrm{B}}-d_{\mathrm{B}}-\beta_1}{r_{\mathrm{B}}} \leqslant a_1 \\[4mm] r_{\mathrm{P}}-\dfrac{(\alpha_2-\alpha_1)\dfrac{r_{\mathrm{B}}-d_{\mathrm{B}}-\beta_1}{r_{\mathrm{B}}}+\alpha_1 a_2-\alpha_2 a_1}{a_2-a_1}-d_{\mathrm{P}}a_1 < \dfrac{r_{\mathrm{B}}-d_{\mathrm{B}}-\beta_1}{r_{\mathrm{B}}} \leqslant a_2 \\[4mm] r_{\mathrm{P}}-\alpha_2-d_{\mathrm{P}}\dfrac{r_{\mathrm{B}}-d_{\mathrm{B}}-\beta_1}{r_{\mathrm{B}}} > a_2 \end{cases}。$$

故平衡点 P_{000}，P_{001} 均不稳定。

$$J(P_{10}^{*}) = \begin{vmatrix} A_{11} & A_{12} & A_{13} \\ A_{21} & A_{22} & A_{23} \\ A_{31} & A_{32} & A_{33} \end{vmatrix}$$

这里，$A_{11}=-r_{\mathrm{P}}k_1 x_{10}$，$A_{12}=-r_{\mathrm{P}}k_2 x_{10}$，$A_{13}=0$，$A_{21}=-r_{\mathrm{P}}k_1 y_{10}$，$A_{22}=-r_{\mathrm{P}}k_2 y_{10}$，$A_{23}=0$，$A_{31}=0$，$A_{32}=0$，且

$$A_{33}=\begin{cases} r_{\mathrm{B}}-\beta_1-d_{\mathrm{B}}\dfrac{r_{\mathrm{B}}-d_{\mathrm{B}}-\beta_1}{r_{\mathrm{B}}} \leqslant a_1 \\[4mm] r_{\mathrm{B}}-\dfrac{(\beta_2-\beta_1)\dfrac{r_{\mathrm{P}}-d_{\mathrm{P}}-\alpha_1}{r_{\mathrm{P}}}+\beta_1 b_2-\beta_2 b_1}{b_2-b_1}-d_{\mathrm{B}}b_1 < \dfrac{r_{\mathrm{P}}-d_{\mathrm{P}}-\alpha_1}{r_{\mathrm{P}}} \leqslant b_2 \\[4mm] r_{\mathrm{B}}-\beta_2-d_{\mathrm{B}}\dfrac{r_{\mathrm{P}}-d_{\mathrm{P}}-\alpha_1}{r_{\mathrm{P}}} > b_2 \end{cases}$$

显然，$A_{33}\geqslant r_{\mathrm{B}}-\beta_2-d_{\mathrm{B}}>0$。即空间线段 L_{10} 的所有平衡点处都至少有一个正实根 A_{33}。因此，这类平衡点也不稳定。

$$J(P_1) = \begin{vmatrix} -C_{11} & -C_{12} & -C_{13} \\ -C_{21} & -C_{22} & -C_{23} \\ -C_{31} & -C_{32} & -C_{33} \end{vmatrix}$$

其中，

$$C_{11}=r_{\mathrm{P}}k_1 x_1^{*}\;;C_{12}=r_{\mathrm{P}}k_2 x_1^{*}\;;C_{13}=x_1^{*}\left.\frac{\partial l_1^{+}(z;a_1,a_2)}{\partial z}\right|_{z=z_{11}}\;;$$

$$C_{21}=r_{\mathrm{P}}k_1 y_1^{*}\;;C_{23}=r_{\mathrm{P}}k_2 y_1^{*}\;;C_{23}=y_1^{*}\left.\frac{\partial l_1^{+}(z;a_1,a_2)}{\partial z}\right|_{z=z_{11}}\;;$$

$$C_{31} = z_{11} \frac{\partial l_2^+(k_1 x + k_2 y; b_1, b_2)}{\partial x}\bigg|_{k_1 x + k_2 y = x_{11}};$$

$$C_{32} = z_{11} \frac{\partial l_2^+(k_1 x + k_2 y; b_1, b_2)}{\partial y}\bigg|_{k_1 x + k_2 y = x_{11}}; C_{33} = r_B z_{11}.$$

故该平衡点处的特征方程为:

$$|\lambda E - J(P_1)| = \begin{vmatrix} \lambda + C_{11} & C_{12} & C_{13} \\ C_{21} & \lambda + C_{22} & C_{23} \\ C_{31} & C_{32} & \lambda C_{33} \end{vmatrix} = 0.$$

其中,

$$\frac{\partial l_1^+(z; a_1, a_2)}{\partial z}\bigg|_{z = z_{11}} \frac{\partial l_2^+(k_1 x + k_2 y; b_1, b_2)}{\partial x}\bigg|_{k_1 x + k_2 y = x_{11}} = 0;$$

$$\frac{\partial l_1^+(z; a_1, a_2)}{\partial z}\bigg|_{z = z_{11}} \frac{\partial l_2^+(k_1 x + k_2 y; b_1, b_2)}{\partial y}\bigg|_{k_1 x + k_2 y = x_{11}} = 0.$$

结合上述等式我们可整理化简该平衡点处的特征方程为:

$$\lambda(\lambda + r_B z_{11})(\lambda + r_P x_{11}) = 0.$$

故空间直线 L_{11} 上所有平衡点处的 3 个特征值分别为:

$$\lambda_1 = 0; \lambda_2 = -r_B z_{11}; \lambda_3 = -r_P x_{11}.$$

同理可得,空间直线 L_{33} 上所有平衡点处的 3 个特征值分别为:

$$\lambda_1 = 0; \lambda_2 = -r_B z_{33}; \lambda_3 = -r_P x_{33}.$$

$$J(P_2) = \begin{pmatrix} -E_{11} & -E_{12} & -E_{13} \\ -E_{21} & -E_{22} & -E_{23} \\ -E_{31} & -E_{32} & -E_{33} \end{pmatrix}$$

其中,$E_{11} = r_P k_1 x_2^*$;$E_{12} = r_P k_2 x_2^*$;$E_{13} = x_2^* \dfrac{\alpha_1 - \alpha_2}{a_1 - a_2}$;

$$E_{21} = r_P k_1 y_2^*; E_{22} = r_P k_2 y_2^*; E_{23} = y_2^* \frac{\alpha_1 - \alpha_2}{a_1 - a_2};$$

$$E_{31} = z_{22} \frac{\beta_1 - \beta_2}{b_1 - b_2}; E_{32} = z_{11} \frac{\beta_1 - \beta_2}{b_1 - b_2}; E_{33} = r_B z_{22}.$$

故该平衡点处的特征方程为:

$$|\lambda E - J(P_2)| = \begin{vmatrix} \lambda + E_{11} & E_{12} & E_{13} \\ E_{21} & \lambda + E_{22} & E_{23} \\ E_{31} & E_{32} & \lambda E_{33} \end{vmatrix} = 0.$$

我们记这类平衡点处的特征方程为:

$$\lambda^{3} + D_{1}\lambda^{2} + D_{2}\lambda + D_{3} = 0。$$

经整理计算可得：

$$D_{1} = r_{P}x_{22} + r_{B}z_{22};$$

$$D_{2} = r_{P}^{2}k_{1}k_{2}x_{2}^{*}y_{2}^{*} + r_{P}r_{B}k_{1}x_{22} + r_{P}r_{B}k_{1}k_{2}x_{2}^{*}y_{2}^{*}z_{22}(R-1);$$

$$D_{3} = r_{P}r_{B}k_{1}k_{2}x_{2}^{*}y_{2}^{*}。$$

故空间直线 L_{22} 上所有平衡点处的 3 个特征值之间的关系满足如下条件：

$$\begin{cases} \lambda_{1} + \lambda_{2} + \lambda_{3} = D_{1} > 0; \\ \lambda_{1}\lambda_{2} + \lambda_{1}\lambda_{3} + \lambda_{2}\lambda_{3} = D_{2} > 0; \\ \lambda_{1}\lambda_{2}\lambda_{3} = D_{3} > 0。 \end{cases}$$

即这类平衡点处的特征值至少有一个正实根。因此，空间直线 L_{22} 上所有平衡点均不稳定。

综合上述理论分析可知，采用分段线性近似处理得到的三维分段线性系统，在第一象限内的平衡点也是线段型，而非孤立的点。此外，在空间线段 L_{11} 上的所有健康态处，都具有两个负特征根和一个零特征根。正是这一零特征根的存在，导致系统稳态可以在一条空间直线上发生平移。即系统在每次接受抗生素治疗后，系统状态最终可以返回到健康态所在空间直线上，但不同于治疗前的状态。

4.6　三维持续用药系统的定性分析

临床上已发现，患者体内菌群在短期服用特定抗生素后并未能完全康复，仅能修复到类似治疗前的一个新状态。这一现象对应于我们构建的系统中，即稳态在空间直线上的平移。而诱发系统状态发生平移的主要原因即抗生素的使用。因此，接下来将分析不同参数下，持续加药系统（4-7—4-9）（即 $\eta_{1}\eta_{2}\eta_{3} \neq 0$）的长期动力学行为。进而从理论上预测特定药物作用下是否会产生耐药性现象。

这里，将只讨论参数向量 $\beta \in S_{6}$ 的前提下，非零参数 η_{1}, η_{2} 和 η_{3} 分别满足：$r_{P} - d_{P} - \alpha_{1} > \eta_{1} > \eta_{2} > 0$ 且 $r_{B} - d_{B} - \beta_{1} > \eta_{3} > 0$ 时，对应持续加药系统的动力学行为。

经分析可知，系统（4-7—4-9）至多存在如下六类平衡点且相应约束条件及其对应特征根被整理在附录Ⅲ表格 5-3 中。

经讨论可知：加药系统（4-7—4-9）中参数向量 $\beta \in S_6$ 的前提下，非负参数 η_1, η_2 和 η_3 同时满足如下条件：

$$\begin{cases} r_P - d_P - \alpha_1 > \eta_1 > r_P - d_P - \alpha_2 > \eta_2 > 0 & (4\text{-}23) \\[2mm] r_B - d_B - \beta_1 > \eta_3 > 0 & (4\text{-}24) \\[2mm] r_B - d_B - \eta_3 - l_2^+(k_1 x + k_2 y; b_1, b_2)\big|_{x=0, y=y_1} > 0 & (4\text{-}25) \\[2mm] r_P - d_P - \eta_2 - l_1^+(z; a_1, a_2)\big|_{z=z_{11}} > 0 & (4\text{-}26) \end{cases}$$

时，持续加药系统（4-7—4-9）存在表格 5-3 中的六大类平衡点且除 P^* 这类平衡点之外，其余五大类平衡点均不稳定。而

$$l_1^+(z; a_1, a_2)\big|_{z=z_1} = \begin{cases} \alpha_1 z_1 \leqslant a_1 \\[2mm] \dfrac{(\alpha_2 - \alpha_1) z_1 + \alpha_1 a_2 - \alpha_2 a_1}{a_2 - a_1} a_1 < z_1 \leqslant a_2, \\[2mm] \alpha_2 z_1 > a_2 \end{cases}$$

$$l_2^+(k_1 x + k_2 y; b_1, b_2)\big|_{x=0, y=y_1} = \begin{cases} \beta_1 k_2 y_1 \leqslant b_1 \\[2mm] \dfrac{(\beta_2 - \beta_1) k_2 y_1 + \beta_1 b_2 - \beta_2 b_1}{b_2 - b_1} b_1 < k_2 y_1 \leqslant b_2. \\[2mm] \beta_2 k_2 y_1 > b_2 \end{cases}$$

故，非负参数 η_1, η_2, η_3 满足

$$\begin{cases} r_P - d_P - \alpha_1 > \eta_1 > r_P - d_P - \alpha_2 > \eta_2 > 0 & (4\text{-}27) \\[2mm] r_B - d_B - \eta_3 - \beta_2 > 0 & (4\text{-}28) \end{cases}$$

时，不等式（4-23—4-26）一定恒成立。进一步，整理上述分析可得到如下定理 4.8。

定理 4.8　加药系统（4-27—4-29）中参数向量 $\beta \in S_6$ 的前提下，非负参数 η_1, η_2 和 η_3 同时满足系统（4-27—4-28）的条件时，存在表 5-3 中的这六大类平衡点并且除 P^* 这类平衡点之外，其余五类平衡点均不稳定。

从定理 4.8 可知，持续加药系统（4-7—4-9）的整体动力学行为由 P^* 这类型平衡点所决定。其中，我们记向量 $\gamma = (r_B, r_P, d_B, d_P, a_1, a_2, b_1, b_2, \alpha_1, \alpha_2,$

$\beta_1,\beta_2,k_1,k_2,\eta_1,\eta_2,\eta_3$）。因此，下面将在集合 $S_7 = \{\gamma \,|\, \beta \in S_6, r_P - d_P - \alpha_1 > \eta_1$ $> r_P - d_P - \alpha_2 > \eta_2 > 0, r_B - d_B - \beta_2 > \eta_3\}$ 中，分析三维系统（4-7—4-9）在不同约束条件下产生的动力学行为。

为便于下面分析，首先构造如下两个函数：

$$F(y,z) = -\left[r_P(1-P) - \frac{(\alpha_2 - \alpha_1)z + \alpha_1 a_2 - \alpha_2 a_1}{a_2 - a_1} - d_P - \eta_2 \right];$$

$$G(y,z) = -\left[r_B(1-z) - \frac{(\beta_2 - \beta_1)k_2 y + \beta_1 b_2 - \beta_2 b_1}{b_2 - b_1} - d_B - \eta_3 \right]。$$

并定义了如下两条直线：

$$l_y : 0 = r_P(1-P) - \frac{(\alpha_2 - \alpha_1)z + \alpha_1 a_2 - \alpha_2 a_1}{a_2 - a_1} - d_P - \eta_2;$$

$$l_z : 0 = r_B(1-z) - \frac{(\beta_2 - \beta_1)k_2 y + \beta_1 b_2 - \beta_2 b_1}{b_2 - b_1} - d_B - \eta_3。$$

此外，还定义了如下两条曲线：

$$ll_y : 0 = r_P(1-k_2 y) - l_1^+(z; a_1, a_2) - d_P - \eta_2;$$

$$ll_z : 0 = r_B(1-z) - l_2^+(k_2 y; b_1, b_2) - d_B - \eta_3。$$

4.6.1　持续用药不形成耐药性情形

这一小节我们将讨论第 2 章中提到的第二类耐药性反应，即一定不会暴发耐药性的情形。例如，当系统参数满足定理 4.9 中约束条件时，相应持续用药系统即只有一个稳定平衡点的情形之一。此时，该平衡点 P_{011} 处致病菌总量小于 b_1 且有益菌的总量大于 a_1。我们称这类平衡点为持续加药系统的稳定健康态。

定理 4.9　在非负向量 $\gamma \in S_7$ 的前提下，同时满足不等式组

$$\frac{r_P - d_P - \alpha_2}{r_P} < b_1 < b_1 + [r_B(1-a_1) - d_B - \beta_1]\frac{b_1 - b_2}{\beta_1 - \beta_2} < \frac{r_P - d_P - \alpha_1}{r_P} < b_2 \quad (4\text{-}29)$$

$$0 < \frac{r_B - d_B - \beta_2 - \eta_3}{r_B} < \frac{r_B - d_B - \beta_2}{r_B} < a_1 < a_2 < \frac{r_B - d_B - \beta_1 - \eta_3}{r_B} \quad (4\text{-}30)$$

$$r_P - d_P - \alpha_1 > \eta_1 > r_P - d_P - \alpha_2 \quad (4\text{-}31)$$

$$\left[\eta_3 + g(\frac{r_P - d_P - \alpha_1}{r_P}, a_1)\right]\frac{r_P(b_2 - b_1)}{\beta_2 - \beta_1} < \eta_2 < r_P - d_P - \alpha_2 \quad (4\text{-}32)$$

$$1 < r < \frac{b_2}{b_2 - b_1}, \frac{\beta_2 - \beta_1}{r_B a_2} > 1 \quad (4\text{-}33)$$

时，系统（4-7—4-9）只有一个稳定健康态 $P_{011}(0, \frac{r_P - d_P - \alpha_2 - \eta_2}{k_2 r_P},$

$\frac{r_B - d_B - \beta_1 - \eta_3}{r_B})$ 且 $k_2 y^* = \frac{r_P - d_P - \alpha_2 - \eta_2}{r_P} < b_1; z^* = \frac{r_B - d_B - \beta_1 - \eta_3}{r_B} > a_1$。

证明：显然，不等式（4-29—4-30）和（4-33）满足定理 4.4 中前提以及结论（3）中的约束条件。故未加药系统（4-10—4-12）在第一象限内一定存在空间线段 L_{11}, L_{22} 和 L_{33} 上的三类平衡点。

在药物持续摄入系统（4-7—4-9）中，首先需要证明满足该不等式组的 η_1, η_2 和 η_3 非空。

显然，满足不等式（4-31）的 η_1 非空。

其中，不等式（4-30）和（4-32）经整理化简后等价于

$$r_B(1-a_1) - d_B - \beta_2 < \eta_3 < \min\{r_B - d_B - \beta_2, -g(\frac{\alpha_2 - \alpha_1}{r_P}, a_1), r_B(1-a_2) - d_B - \beta_1\}。$$

故 $r_B(1-a_1) - d_B - \beta_2 < r_B - d_B - \beta_2$ 显然成立。

由不等式 $\frac{\beta_2 - \beta_1}{r_B a_2} > 1$ 成立，可知：$\frac{\beta_2 - \beta_1}{r_B(a_2 - a_1)} > 1$ 定恒成立。

因此，$r_B(1-a_1) - d_B - \beta_2 < r_B(1-a_2) - d_B - \beta_1$ 也成立。

进一步由不等式（4-33）可知，

$$-g(\frac{\alpha_2 - \alpha_1}{r_P}, a_1) - [r_B(1-a_2) - d_B - \beta_1]$$

$$= r_B(a_2 - a_1)(1 - R + \frac{b_2}{b_2 - b_1} \frac{\beta_2 - \beta_1}{r_B(a_2 - a_1)})$$

$$> r_B(a_2 - a_1)[1 - (R - \frac{b_2}{b_2 - b_1})] > 0。$$

即 $-g(\frac{\alpha_2 - \alpha_1}{r_P}, a_1) > r_B(1-a_2) - d_B - \beta_1$ 成立。

故满足不等式（4-30）和（4-32）的 η_3 定非空且 $\eta_3 < -g(\frac{\alpha_2 - \alpha_1}{r_P}, a_1)$ 成立。而该不等式也等价于：$[\eta_3 + g(\frac{r_P - d_P - \alpha_1}{r_P}, a_1)]\frac{r_P(b_2 - b_1)}{\beta_2 - \beta_1} < r_P - d_P - \alpha_2$。

故满足不等式（4-32）的 η_2 也非空。

其次，我们需要证明满足不等式组（4-29—4-32）的系统（4-7—4-9）在第一象限内有 $(0, y^*, z^*)$ 这类平衡点存在且唯一。而 (y^*, z^*) 即曲线 ll_y 和 ll_z 在 $y-z$ 平面第一象限内的交点。故我们只需证明这两条曲线在满足不等式组（4-29—4-32）时，在第一象限内存在唯一交点。

由（4-32）中的不等式 $\left[\eta_3 + g(\dfrac{r_P - d_P - \alpha_1}{r_P}, a_1)\right]\dfrac{r_P(b_2 - b_1)}{\beta_2 - \beta_1} < \eta_2$ 成立可知：

$$G(\frac{r_P - d_P - \alpha_1 - \eta_2}{k_2 r_P}, a_1) < 0 \qquad\qquad ①$$

进一步由 $R > 1$ 结合不等式①可知，

$$G(\frac{r_P - d_P - \alpha_2 - \eta_2}{k_2 r_P}, a_2) < 0 \qquad\qquad ②$$

即点 $(\dfrac{r_P - d_P - \alpha_1 - \eta_2}{k_2 r_P}, a_1)$ 和点 $(\dfrac{r_P - d_P - \alpha_2 - \eta_2}{k_2 r_P}, a_2)$ 都位于直线 l_z 下方。因此，曲线 ll_y 和曲线 ll_z 在第一象限内存在唯一交点 (y^*, z^*)。

进一步由不等式（4-29）和（4-30）可知：

$$k_2 y^* = \frac{r_P - d_P - \alpha_2 - \eta_2}{r_P} < b_1, \quad z^* = \frac{r_B - d_B - \beta_1 - \eta_3}{r_B} > a_2 > a_1 。$$

得证。系统（4-7—4-9）在第一象限内有 $(0, y^*, z^*)$ 这类平衡点存在且唯一即点 $P_{011}(0, \dfrac{r_P - d_P - \alpha_2 - \eta_2}{r_P}, \dfrac{r_B - d_B - \beta_1 - \eta_3}{r_B})$。

最后证明该平衡点的稳定性。

$$J(P_{011}) = \begin{pmatrix} F_{11} & F_{12} & F_{13} \\ F_{21} & F_{22} & F_{23} \\ F_{31} & F_{32} & F_{33} \end{pmatrix}$$

其中，

$$F_{11} = \eta_2 - \eta_1; F_{12} = 0; F_{13} = 0;$$

$$F_{21} = -\frac{r_P - d_P - \alpha_2 - \eta_2}{r_P}\frac{k_1}{k_2}; F_{22} = -(r_P - d_P - \alpha_2 - \eta_2); F_{23} = 0;$$

$$F_{31} = -\frac{r_B - d_B - \beta_1 - \eta_3}{r_B} \frac{\partial l_2^+(k_1 x + k_2 y; b_1, b_2)}{\partial x}\bigg|_{k_1 x + k_2 y = \frac{r_P - d_P - a_2 - \eta_2}{r_P}};$$

$$F_{32} = -\frac{r_B - d_B - \beta_1 - \eta_3}{r_B} \frac{\partial l_2^+(k_1 x + k_2 y; b_1, b_2)}{\partial y}\bigg|_{k_1 x + k_2 y = \frac{r_P - d_P - a_2 - \eta_2}{r_P}};$$

$$F_{33} = -r_B z^*.$$

故该平衡点处的 3 个特征根分别为：$\eta_2 - \eta_1$，$-(r_P - d_P - a_2 - \eta_2)$，$-r_B z^*$。

而平衡点处致病菌的总量 $k_2 y^* = \dfrac{r_P - d_P - a_2 - \eta_2}{r_P} < b_1$；有益菌的总量

$z^* = \dfrac{r_B - d_B - \beta_1 - \eta_3}{r_B} > a_1$。因此，该平衡点 $P_{011}(0, y^*, z^*)$ 是加药系统的

稳定健康态。

此外，结合定理 4.8 还可断定，其余五大类平衡点即使存在也均不稳定。

因此，三维持续加药系统（4-7—4-9）中从第一象限出发的所有轨线终将都会被稳定健康态 P_{011} 所吸引，得证（详见数值模拟四即图 4-5）。

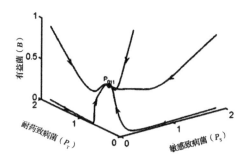

图 4-5　满足约束条件（4-29—4-33）时，

持续用药系统（4-7—4-9）的动力学行为

数值模拟四：下面来验证定理 4.9 的正确性。首先固定参数 $r_P = 0.664$，$r_B = 0.718$，$d_P = 0.050\ 1$，$d_B = 0.075\ 1$，$a_1 = 0.2$，$a_2 = 0.4$，$b_1 = 0.3$，$b_2 = 0.6$，$\alpha_1 = 0.22$，$\alpha_2 = 0.34$，$\beta_1 = 0.15$，$\beta_2 = 0.55$。根据以上参数计算可得：$\eta_3 < 0.092\ 9$，$\eta_2 < 0.273\ 9 < \eta_1 < 0.393\ 9$ 且满足定理 4.8 中不等式（4-27—4-28）。即持续加药系统在第一象限内只存在一类稳态。例如，$\eta_1 = 0.39$，$\eta_2 = 0.176$，$\eta_3 = 0.09$ 时，结合上述参数取值计算可知：系统（4-7—4-9）在第一

象限内只存在一个局部渐近稳定的健康态 $P_{011}(0,0.294\,8,0.561\,1)$。

在图 4-5 中，不同初值出发的轨线图直观刻画了 $\eta_1 = 0.39, \eta_2 = 0.176, \eta_3 = 0.09$ 这种特定药物作用下，宿主体内肠道菌群组成结构最终将会稳定向稳定健康态 $P_{011}(0,0.294\,8,0.561\,1)$。在此状态对应菌群组成结构中有益菌占主导地位。这就意味着这种特定药物即使反复使用体内菌群也不会对该药物形成耐药性。这类药物的药效同第 2 章中图 2-12b 和图 2-14a 中对应药物反应相同，即持续药物使用不会形成耐药性反应的情形。

4.6.2 持续用药形成耐药性情形

这里，我们将讨论第 2 章中提到的第一类耐药性反应，即会暴发耐药性的情形。如系统参数满足定理 4.10 中约束条件时，相应持续用药系统为只有一个稳定平衡点的另一情形。此时，唯一稳定平衡点 P_{033} 处致病菌总量高于 b_1；有益菌的总量低于 a_1。这里，我们称这类平衡点为持续加药系统的稳定生病态。当特定药物相应持续用药系统只有稳定生病态时，即使长期或反复使用抗生素，也一定会暴发耐药性。

定理 4.10 在非负向量 $\gamma \in S_7$ 的前提下，同时满足不等式组

$$\frac{r_P - d_P - \alpha_2}{r_P} < b_1 < b_1 + [r_B(1-a_1) - d_B - \beta_1]\frac{b_1 - b_2}{\beta_1 - \beta_2} < \frac{r_P - d_P - \alpha_1}{r_P} < b_2 \tag{4-34}$$

$$0 < \frac{r_B - d_B - \beta_2}{r_B} < a_1 < a_2 < \frac{r_B - d_B - \beta_1}{r_B} \tag{4-35}$$

$$\frac{\beta_2 - \beta_1}{r_B} < a_1 ; 1 < R ; \quad 1 > \frac{\alpha_2 - \alpha_1}{r_P b_1} \tag{4-36}$$

$$0 < \eta_2 < -f(b_1, \frac{\beta_2 - \beta_1}{r_B}) ; b_1 < \frac{r_P - d_P - \alpha_1 - \eta_2}{r_P} \tag{4-37}$$

$$[\eta_2 + f(b_1, \frac{r_B - d_B - \beta_1}{r_B})]\frac{a_2 - a_1}{r_B(a_2 - a_1)} < \eta_3 < r_B - d_B - \beta_2 \tag{4-38}$$

$$r_P - d_P - \alpha_1 > \eta_1 > r_P - d_P - \alpha_2 \tag{4-39}$$

时，系统（4-7—4-9）只有一个稳定生病态 $P_{033}(0,y^*,z^*)$ 且 $k_2 y^* > b_1, z^* < a_1$。其中，

$$k_2 y^* = \frac{r_P - d_P - \alpha_2 - \eta_2}{r_P}。$$

证明：显然，不等式（4-34—4-36）满足定理 4.4 中前提以及结论（3）中的约束条件，故未加药系统（4-10—4-12）在第一象限内存在落在空间线段 L_{11}，L_{22} 和 L_{33} 上的三类平衡点。而在药物持续摄入系统（4-7—4-9）中，我们首先需要证明满足上述不等式组的 η_1，η_2，η_3 的解集非空。

显然，满足不等式（4-39）的 η_1 非空。

其中不等式（4-37）和（4-38）经整理化简后等价于

$$0 < \eta_2 < \min\{-f(b_1, \frac{\beta_2-\beta_1}{r_B}), r_P(1-b_1)-d_P-\alpha_1\}\text{。}$$

由（4-34）可知，$r_P(1-b_1)-d_P-\alpha_1 > 0$ 成立且可变形为：$-f(b_1, a_1) > 0$。进一步，由不等式 $\frac{\beta_2-\beta_1}{r_B} < a_1$ 成立可知，$-f(b_1, \frac{\beta_2-\beta_1}{r_B}) > -f(b_1, a_1) > 0$。因此，满足不等式（4-37）的 η_2 定非空。

而不等式 $\eta_2 < -f(b_1, \frac{\beta_2-\beta_1}{r_B})$ 等价于 $[\eta_2 + f(b_1, \frac{r_B-d_B-\beta_1}{r_B})]$ $\frac{a_2-a_1}{r_B(\alpha_2-\alpha_1)} < r_B-d_B-\beta_2$。

因此，满足不等式（4-38）的 η_3 也非空。

其次，我们需要证明参数满足该不等式组的系统（4-7—4-9）在第一象限内 $P_{033}(0, y^*, z^*)$ 这类平衡点存在且唯一。而 (y^*, z^*) 即曲线 ll_y 和 ll_z 在（$y-z$ 平面）第一象限内的交点。故我们只需证明这两条曲线满足上述不等式组时，在第一象限内存在唯一交点。

由不等式（4-38）的左半边部分可等价变形为：

$$-[r_P(1-b_1)-d_P-\eta_2 - \frac{(\alpha_2-\alpha_1)\frac{r_B-d_B-\beta_1-\eta_3}{r_B}+\alpha_1 a_2-\alpha_2 a_1}{a_2-a_1}] < 0$$

即 $F(\frac{b_1}{k_2}, \frac{r_B-d_B-\beta_1-\eta_3}{r_B}) < 0$。因此，点 $(\frac{b_1}{k_2}, \frac{r_B-d_B-\beta_1-\eta_3}{r_B})$ 在直线 l_y 下方。

又因为，

$$F(\frac{b_1}{k_2}, \frac{r_B-d_B-\beta_1-\eta_3}{r_B}) - F(\frac{b_2}{k_2}, \frac{r_B-d_B-\beta_2-\eta_3}{r_B})$$
$$= r_B(b_1-b_2)(1-R)$$

由（4-36）成立可知：$R > 1$。故 $0 > F(\dfrac{b_1}{k_2}, \dfrac{r_B - d_B - \beta_1 - \eta_3}{r_B}) > F(\dfrac{b_2}{k_2},$

$\dfrac{r_B - d_B - \beta_2 - \eta_3}{r_B})$。

即点 $(\dfrac{b_2}{k_2}, \dfrac{r_B - d_B - \beta_2 - \eta_3}{r_B})$ 也在直线 l_y 下方。因此，曲线 ll_y 和 ll_z 在（y

$-z$ 平面）第一象限内存在唯一交点 (y^*, z^*) 且 $y^* = \dfrac{r_P - d_P - \alpha_2 - \eta_2}{k_2 r_P}$。

进一步，由不等式（4-35）和（4-37）可知：$k_2 y^* > b_1$，$z^* < a_1$。

因此，系统（4-7—4-9）在第一象限内存在唯一平衡点 $P_{033}(0, y^*, z^*)$。

最后证明该平衡点的稳定性。

同理，由平衡点 P_{011} 处的雅可比矩阵可知，该平衡点处的 3 个特征根分别

为：$\eta_2 - \eta_1$；$-(r_P - d_P - \alpha_2 - \eta_2)$；$-r_B z^*$。

进一步，由该平衡点处有益菌的数量 $z^* < a_1$，致病菌的总量 $k_2 y^* > b_1$，

可以断定平衡点 $P_{033}(0, y^*, z^*)$ 是加药系统的稳定生病态。

此外，结合定理 4.8 还可断定，其余五大类平衡点即使存在也均不稳定。

因此，三维持续加药系统（4-7—4-9）中从第一象限出发的所有轨线都终将会

被稳定生病态 $P_{033}(0, y^*, z^*)$ 所吸引，得证。

下面将通过数值模拟五来检验该定理的正确性。

数值模拟五：固定参数 $r_P = 0.664$，$r_B = 0.718$，$d_P = 0.050\,1$，$d_B = 0.075\,1$，

$a_1 = 0.34$，$a_2 = 0.5$，$b_1 = 0.3$，$b_2 = 0.6$，$\alpha_1 = 0.22$，$\alpha_2 = 0.415$，$\beta_1 = 0.2$，β_2

$= 0.44$，$\eta_1 = 0.4$，$\eta_2 = 0.08$，$\eta_3 = 0.14$。

根据以上参数取值计算可知：系统（4-7—4-9）在第一象限内只存在一个

局部渐近稳定的生病态 $P_{033}(0, 0.945\,5, 0.229\,4)$（详见图 4-6）。从图中我们可

以看到，初值从第一象限出发的所有轨线都终将稳定向生病态 $P_{033}(0, 0.945$

$5, 0.229\,4)$ 所吸引。换言之，这种特定抗菌药物在持续使用后必将会暴发耐

药性。

此外，在定理 4.10 的基础上，进一步利用数值模拟五中的参数取值，模

拟再现了分段线性系统中耐药性形成过程和粪菌移植这一治疗方案的疗效，详

见图 4-7。

类似于图 2-2，在这组参数取值下，相应宿主接受 12 次特定抗生素治疗后

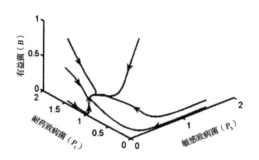

图 4-6　满足约束条件（4-34—4-39）时，

持续用药系统（4-7—4-9）的动力学行为

暴发耐药性感染。图 4-7a 为前 12 次生病—治疗—康复生理过程下，相应致病菌加权总量的时间序列图。从图中可以看到，前 11 次感染接受 3 d 药物治疗后，体内致病菌数量可以得到控制（即感染可以被有效消除）。但第 12 次生病后，同样接受 3 d 药物治疗，致病菌数量有所下降但在撤销药物后出现反弹，最终体内致病菌的数量维持在一个较高水平（即感染未能被消除）。其中，图 4-7b 和 4-7c 分别为首次以及第 12 次感染—治疗过程的局部放大，可以直观看到每个阶段致病菌数量的瞬时变化过程。图 4-7d 为第 12 次生病接受永久性药物治疗的相应时间演化曲线。结果表明，即使接受永久性药物治疗，致病菌数量也未能得到有效控制。综合图 4-7c 和 4-7d 的时间演化曲线我们同样可以断定，系统（4-7—4-9）第 20 次感染也是耐药性感染，单纯的药物治疗注定失效。图 4-7e 对照于图 2-2e 为耐药性感染接受粪菌移植治疗的效果。宿主生病后首先接受 3 d 药物治疗，在第 4 天接受 0.2 倍幸存率的粪菌移植。接受粪菌移植后致病菌数量也表现短暂的上升，但是随后开始下降，最终稳定向一个较低水平（即感染得以控制）。

综合图 4-7 的模拟结果，我们可以断定分段线性系统（4-1—4-3）近似非线性系统（2-1—2-3）是合理的。相对于非线性系统，用分段线性近似处理后相应系统不仅可以通过数值模拟再现耐药性形成过程和粪菌移植的有效性，而且还可以借助稳定性理论和分支理论分析系统的定性特征。

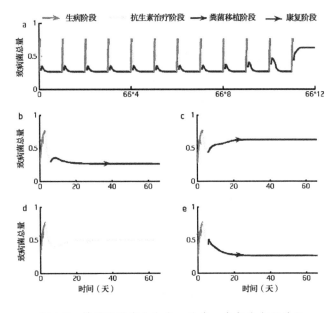

图 4-7　模拟再现宿主生病—治疗—康复的生理过程

a. 前 12 次完整生理过程；b. 首次生病采用 3 d 药物治疗；c. 第 12 次生病采用 3 d 药物
治疗；d. 第 12 次生病采用永久药物治疗；e. 第 12 次生病采用粪菌移植结合 3 d 药物治
疗。其中，感染阶段致病菌繁殖设置为 $r_P = 0.664 \times 3$。抗生素的杀菌率分别为：$\eta_1 = 0.4$；
$\eta_2 = 0.08$；$\eta_3 = 0.14$。粪菌移植的幸存率 $k = 0.2$。这里，一个完整的生理过程为期 66 d
（由 3 d 生病、3 d 抗生素治疗以及 60 d 的康复期所组成）。

第 5 章　总结和展望

5.1　总　结

本书主要阐述菌群共生系统在反复抗生素作用下耐药性的形成机制，以及粪菌移植有效对抗耐药性感染中的根本机制。借助分段线性系统相关理论分析，讨论了分段线性系统在不同参数条件下的动力学行为，进而为控制耐药性的暴发提供了一定的理论依据。

在第 2 章有关肠道菌群耐药性问题研究中，我们主要基于耐药菌和敏感菌的基因特征构建了一个由敏感致病菌、耐药致病菌以及有益菌组成的菌群动力学模型。使用理论分析结合数值模拟验证，在特定约束条件下，系统在第一象限内会产生落在三条空间直线上的非孤立平衡点。利用这些非孤立的平衡点的特性，可以解释反复抗生素使用下耐药性的形成机制。并通过数值模拟发现菌群组成结构，种间抑制作用，服药时长，抗生素的杀菌活性等因素，对耐药性的形成均有重要影响。

在第 3 章中，我们首先对粪菌移植过程建模，并结合模拟结果证实了粪菌移植在治疗耐药性感染中粪菌移植的有效性。相对于常规治疗，粪菌移植的确可以有效对抗耐药性感染。这同临床已有的治疗效果相一致。其次，通过对比不同治疗策略在对抗耐药性感染中治疗效果，揭示了粪菌移植的起效机制。进一步通过构建不同捐赠者的粪菌模型，并通过对比相应模拟结果，发现粪菌移植的幸存率，粪菌组成结构，药物预处理时间等都是决定粪菌移植治疗效果的关键因素。而且预测还发现，提前使用粪菌移植可以有效延缓耐药性的形成。相对于一次粪菌移植，多次粪菌移植可治愈范围更广。

在第 4 章中，借助基因调控网络中提出的分段线性近似方法，我们处理非线性系统为分段线性系统。进而从理论上得到，系统在第一象限内存在三类非孤立平衡点（这些点落在三条空间直线上）的充分条件。并利用系统稳定性理论判别方法中的 Hurtwitz 判据证明，其中两类平衡点具有两个负实根和一个零特征根，另一类平衡点处的特征值中至少有一个正实根。从理论上证明第 2 章中三维系统在一定约束条件下存在 3 条空间直线型平衡点及其相应的稳定性。正是平衡点处零实根的存在导致系统稳态在治疗后可以在一条空间直线上发生平移。此外，我们理论上证明了持续用药系统只有一个稳定健康态或稳定生病态的充分条件。进而理论上解释了产生耐药性的根本原因，即持续用药系统中存在稳定生病态；如果持续用药系统只有稳定健康态，则意味着药物无论是反复使用还是长期使用都不会暴发耐药性。

这些理论分析结果为粪菌移植在临床实践中推广使用可以提供强有力的理论支撑。

5.2　展　望

本书从菌群组成结构的稳定性角度阐述了耐药性形成的根本机制。基于粪菌移植过程建模，我们借助数值模拟揭示了粪菌移植在对抗耐药性感染中的起效机制。但是，有关肠道菌群共生系统耐药性问题以及粪菌移植这一治疗策略仍有很多问题值得进一步研究。

（1）本书基于微生物在维持宿主健康中所起作用，将整个复杂的肠道菌群分成了致病菌群和有益菌群两大类。进一步根据药物对不同菌种的杀菌率不同，将致病菌群分成敏感致病菌群，耐药致病菌群。但事实上，有益菌并非单一菌种，而是由数百种微生物组成。个体肠道中有益菌群的组成结构千差万别，导致各种菌群所构成的有益菌群的特性也各不相同，对于抗生素耐药性形成机制仍有待深入探索。

（2）本书采用常数杀菌率来研究抗生素对不同菌种的杀菌作用。实际上，抗生素的药效动力学是一个动态复杂的过程。因此，下一步工作中我们可以引入更为真实的药效动力学因素，例如，引入时滞等来描述抗生素的杀菌过程。

（3）在分段线性系统的理论分析中，我们仅找到了未加药系统在第一象限内产生三类平衡点的充分条件，以及持续用药系统形成耐药或不形成耐药性的充分条件。事实上，持续用药系统还可能存在双稳情形，并且在双稳条件下，是否会产生耐药性现象，以及是否可以找到一个衡量系统暴发耐药性的有效指标都是下一步工作的重点。

附录

附录 Ⅰ

表 5-1 系统（2-1—2-3）中各参数取值以及生物意义

参数	定　义	取值（d）
r_P	致病菌的最大繁殖率	0.664 0.664×1.32（生病阶段）
r_B	有益菌的最大繁殖率	0.718
d_P	致病菌的死亡率	0.050 1
d_B	有益菌的死亡率	0.075 1
a'	有益菌对致病菌的抑制强度达一半时有益菌的数量	$0.58×10^9$
b'	致病菌对有益菌的抑制强度达一半时有益菌的数量	$0.58×10^{11}$
k_{BP}	有益菌对致病菌的最大抑制系数	0.76
k_{PB}	致病菌对有益菌的最大抑制系数	0.84
η_1	抗生素对敏感致病菌的杀菌率	0.086
η_2	抗生素对耐药致病菌的杀菌率	0.001 6
η_3	抗生素对有益菌的杀菌率	0.015
K_B	致病菌的最大环境容纳量	10^9
K_P	致病菌的最大环境容纳量	101
K_1	致病敏感菌对致病耐药菌的种间竞争系数	0.5
K_2	致病耐药菌对致病敏感菌的种间竞争系数	0.5
K	粪菌移植幸存率系数	0.5

附录　Ⅱ

表 5-2　持续用药系统（2-12—2-14）可能存在的平衡点及其稳定性

不动点	特征值	约束条件	稳定性
$(0，0，0)$	3 个正根	不稳定	
$(x_1，0，0)$	存在 $\lambda = \eta_1 - \eta_2$	不稳定	
$(0，y_1，0)$	$\lambda_1 = \eta_2 - \eta_1$ $\lambda_2 = -r_1 k_2 y_1$ $\lambda_3 = r_2 - d_2 - \eta_3 - \dfrac{k_{21}\ (k_2 y_1)^2}{b^2 + (k_2 y_1)}$	$\lambda_3 > 0$ $\lambda_3 = 0$ $\lambda_3 < 0$	不稳定 不确定 稳定
$(0，0，Z_1)$	$\lambda_1 = r_1 - d_1 - \eta_1 - \dfrac{K_{12}\ (Z_1)^2}{a^2 + (Z_1)^2}$ $\lambda_2 = r_1 - d_1 - \eta_2 - \dfrac{K_{12}\ (Z_1)^2}{a^2 + (Z_1)^2}$ $\lambda_3 = -r_2 z_1$	$\lambda_2 > 0$ $\lambda_2 = 0$ $\lambda_2 < 0$	不稳定 不确定 稳定
$(0，y*，z*)$	$\lambda_1 = \eta_2 - \eta_1$ $\lambda_2 + \lambda_3 = -(r_1 k_2 y^* + r_2 z^*)$ $\lambda_2 \lambda_3 = r_1 k_2 y * z * \triangle$	$\triangle < 0$ $\triangle = 0$ $\triangle > 0$	不稳定 不确定 稳定
$(x^*，0，z^*)$	存在 $\lambda = \eta_1 - \eta_2$		不稳定
注　记	$x_1 = \dfrac{r_1 - d_1 - \eta_1}{r_1 k_p}$，$y_1 = \dfrac{r_1 - d_1 - \eta_2}{r_1 k_2}$，$Z_1 = \dfrac{r_2 - d_2 - \eta_3}{r_2}$，$x^* y^* z^* \neq 0$ $\triangle = r_1 r_2 - \dfrac{4 k_{12} a^2 b^2 y^* z^*}{(a^2 + z^{*2})(b^2 + (k_2 y^*)^2)}$		

附录　Ⅲ

表 5-3　持续用药系统（4-7—4-9）可能存在的平衡点及其稳定性

不动点	特征值	约束条件	稳定性
$(0, 0, 0)$	3 个正根		不稳定
$(x_1, 0, 0)$	存在 $\lambda = \eta_1 - \eta_2$		不稳定
$(0, y_1, 0)$	$\lambda_1 = \eta_2 - \eta_1$	$\lambda_3 > 0$	不稳定
	$\lambda_2 = -r_P k_2 y_1$	$\lambda_3 = 0$	不确定
	$\lambda_3 = r_B - d_B - \eta_3 - 1_2^+ \ (k_1 x + k_2 y;\ b_1,\ b_2) \ \mid_{y=y_1, x=0}$	$\lambda_3 < 0$	稳定
$(0, 0, z_1)$	$\lambda_1 = r_P - d_P - \eta_1 - 1_1^+ \ (z;\ a_1,\ a_2) \ \mid_{z=z_1}$	$\lambda_2 > 0$	不稳定
	$\lambda_2 = r_P - d_P - \eta_2 - 1_1^+ \ (z;\ a_1,\ a_2) \ \mid_{z=z_1}$	$\lambda_2 = 0$	不确定
	$\lambda_3 = r_B z_1$	$\lambda_2 < 0$	稳定
$(0, y^*, z^*)$	$\lambda_1 = \eta_2 - \eta_1$	$\triangle_1 < 0$	不稳定
	$\lambda_2 + \lambda_3 = - \ (r_P k_2 y^* + r_B z^*)$	$\triangle_1 = 0$	不确定
	$\lambda_2 \lambda_3 = y^* z^* \triangle_1$	$\triangle_1 > 0$	稳定
$(x', 0', z')$	存在 $\lambda = \eta_1 - \eta_2$		不稳定
备注	$x_1 = \dfrac{r_P - d_P - a_1 - \eta_1}{r_P k_1}, \ y_1 = \dfrac{r_P - d_P - a_1 - \eta_2}{r_P k_2}, \ z_1 = \dfrac{r_B - d_B - \beta_1 - \eta_3}{r_B}, \ x'z'y^* z^* \neq 0$ $\triangle_1 = k_2 r_P r_B - \dfrac{\partial l_1^+ \ (z;\ a_1,\ a_2)}{\partial z} \mid_{z=z^*} \dfrac{\partial l_2^+ \ (k_1 x + k_2 y;\ b_1,\ b_2)}{\partial y} \mid_{y=y^*, x=0}$		

参考文献

[1] Marco T，Roberta DG，Enzo G，et al. Role of the human breast milk-associated micro-biota on the Newborns' immune system：A mini review ［J］. Frontiers in Microbiology，2017，8：2100.

[2] Gallacher DJ，Sailesh K. Respiratory microbiome of new-born infants ［J］. Frontiers in Pediatrics，2016，4.

[3] Heikkila MP，Saris P. Inhibition of staphylococcus aureus by the commensal bacteria of human milk ［J］. Journal of Applied Microbiology，2010，95 (3)：471-478.

[4] Kumar M，Babaei P，Ji B，et al. Human gut microbiota and healthy aging：recent devel-opments and future prospective ［J］. Nutrition and Healthy Aging，2016，4 (1)：3-16.

[5] Cox MJ，Allgaier M，Taylor B，et al. Airway microbiota and pathogen abundance in age-stratified cystic fibrosis patients ［J］. PLoS ONE，2010，5 (6)：e11044.

[6] Contreras M，Magris M，Hidalgo G，et al. Human gut microbiome viewed across age and geography ［J］. Nature，2012，486 (7402)：222-227.

[7] Konturek PC，Haziri D，Brzozowski T，et al. Emerging role of fecal microbiota therapy in the treatment of gastrointestinal and extra-gastrointestinal diseases ［J］. Journal of phys-iology and pharmacology：an official journal of the Polish Physiological Society，2015，66 (4)：483-491.

[8] Ding T，Schloss PD. Dynamics and associations of microbial community types across the human body ［J］. Nature，2014，509 (7500)：357-360.

[9] Huttenhower C，Gevers D，Knight R. Structure，function and diversity of the healthy human microbiome ［J］. Nature，2012，486 (7402)：207-214.

[10] Maynard CL，Elson CO，Hatton RD，et al. Reciprocal interactions of the intestinal microbiota and immune system ［J］. Nature，2012，489 (7415)：231-241.

[11] Sender R, Fuchs S, Milo R. Revised estimates for the number of human and bacteria cells in the body [J]. PLoS Biol, 2016, 14: e1002533. 10.1371/journal. pbio. 1002533

[12] Hooper LV, Littman DR, Macpherson AJ. Interactions between the microbiota and the immune system [J]. Science, 2012, 336 (6086): 1268-1273.

[13] Holmes E, Li J, Marchesi J, et al. Gut microbiota composition and activity in relation tohost metabolic phenotype and disease risk [J]. Cell Metabolism, 2012, 16 (5): 559-564.

[14] Leslie JL, Young VB. The rest of the story: the microbiome and gastrointestinal infections [J]. Current Opinion in Microbiology, 2015, 23: 121-125.

[15] Falony G, Joossens M, Vieirasilva S, et al. Population-level analysis of gut microbiome variation [J]. Science, 2016, 352 (6285): 560.

[16] Eckburg, PB. et al. Diversity of the human intestinal microbial flora. Science, 2005, 308, 1635-1638.

[17] Turnbaugh PJ, Hamady M, Yatsunenko T, et al. A core gut microbiome in obese and lean twins [J]. Nature, 2009, 457 (7228): 480.

[18] Dao MC, Karine C. Gut microbiota and obesity: concepts relevant to clinical care [J]. European Journal of Internal Medicine, 2018, 48: 18.

[19] Weingarden AR, Vaughn BP. Intestinal microbiota, fecal microbiota transplantation, and inflammatory bowel disease [J]. Gut Microbes, 2017, 1-15.

[20] Tremaroli V, Backhed F. Functional interactions between the gut microbiota and host metabolism [J]. Nature, 2012, 489: 242-249.

[21] Qin J, Li Y, Cai Z, et al. A metagenome-wide association study of gut microbiota in type 2 diabetes [J]. Nature, 2012, 490: 55-60.

[22] Yamamoto M, Matsumoto S. Gut microbiota and colorectal cancer [J]. Genes and Environment, 2016, 38 (1): 11.

[23] Sonnenburg E, Sonnenburg J. Starving our microbial self: the deleterious consequences of adiet deficient in microbiota-accessible carbohydrates [J]. Cell Metabolism, 2014, 20 (5): 779-786.

[24] Ursell LK, Clemente JC, Rideout JR, et al. The interpersonal and intrapersonal

diversity of human-associated microbiota in key body sites [J] . Journal of Allergy and Clinical Immunology, 2012, 129 (5): 1204-1208.

[25] Shen TD. Diet and Gut Microbiota in Health and Disease [J] . Nestle Nutr Inst Workshop Ser, 2017, 88: 117-126.

[26] Rosselot AE, Hong CI, Moore SR. Rhythm and bugs: circadian clocks, gut microbiota, and enteric infections [J] . Curr Opin Gastroenterol, 2016, 32 (1): 7-11.

[27] Dethlefsen L, Relman DA. Incomplete recovery and individualized responses of the human distal gut microbiota to repeated antibiotic perturbation [J] . Proc Natl Acad Sci U S A, 2011, 108 (Suppl 1): 4554-4561.

[28] Lozupone CA, Stombaugh JI, Gordon JI, et al. Diversity, stability and resilience of the human gut microbiota [J] . Nature, 2012, 489 (7415): 220-230.

[29] Yong D, Toleman MA, Giske CG, et al. Characterization of a new metallo-β-lactamase gene, bla (NDM-1), and a novel erythromycin esterase gene carried on a unique genetic structure in klebsiella pneumoniae sequence type 14 from India [J] . Antimicrob Agents Chemother, 2009, 53 (12): 5046-5054.

[30] MARIO T, PIERLUIGI V, CLAUDIO V, ET AL. Predictors of mortality in bloodstream infectionscaused by klebsiella pneumoniae carbapenemaseo producing K. pneumoniae: importance ofcombination therapy [J] . Clinical Infectious Diseases An Official Publication of the Infectious Diseases Society of America, 2012, 55 (7): 943.

[31] Klevens RM, et al. Invasive methicillin-resistant staphylococcu aureus infections in the United States [J] . JAMA, 2007, 298: 1763-1771.

[32] Wei Y, Gong J, Zhu W, et al. Fecal microbiota transplantation restores dysbiosis in patients with methicillin resistant Staphylococcus aureus enterocolitis [J] . BMC Infectious Diseases, 2015, 15 (1): 265.

[33] Bilinski J, Grzesiowski P, Sorensen N, et al. Fecal microbiota transplantation in patients with blood disorders inhibits gut colonization with antibiotic-resistant bacteria: results of a prospective, single-center study [J] . Clin Infect Dis, 2017, 65: 3643-3670.

[34] Torres SM, Hammond S, Elshaboury RH, et al. Recurrent relatively resistant

salmonella infantis Infection in 2 immunocompromised hosts cleared with prolonged antibiotics and fecal microbiota ttansplantation [J]. Open Forum Infect Dis, 2019, 6 (1): ofy334.

[35] Bakken JS, Borody T, Brandt LJ, et al. Treating clostridium difficile infection with fecal microbiota transplantation [J]. Clin Gastroenterol and Hepatol, 2011, 9: 1044-1049.

[36] Schwan A, Sjolin S, Trottestam U, et al. Relapsing clostridium difficile enterocolitis cured by rectal infusion of homologous faeces [J]. Lancet, 1983, 2: 845.

[37] Brandt LJ. American journal of gastroenterology lecture: intestinal microbiota and the role of fecal microbiota transplant (FMT) in treatment of C. difficile infection [J]. Am J Gastroenterol, 2013, 108 (2): 177-185.

[38] Eiseman B, Silen W, Bascom GS, et al. Fecal enema as an adjunct in the treatment of pseudomembranous enterocolitis [J]. Surgery, 1958, 44: 854-859.

[39] Lessa FC, Mu Y, Bamberg WM, et al. Burden of clostridium difficile infection in the United States [J]. N Engl J Med, 2015, 372: 825-834.

[40] Warny M, Pepin J, Fang A, et al. Toxin production by an emerging strain of Clostridium difficile associated with outbreaks of severe disease in North America and Europe [J]. Lancet, 2005, 366: 1079-1084.

[41] Lubbert C, Zimmermann L, Borchert J, et al. Epidemiology and recurrence rates of clostridium difficile Infections ingermany: A secondary data analysis [J]. Infectious Diseases and Therapy, 2016, 5 (4): 545-554.

[42] Kelly, Ciaran P. Fecal microbiota transplantation an old therapy comes of age [J]. New England Journal of Medicine, 2013, 368 (5): 474-475.

[43] Aas J, Gessert CE, Bakken JS. Recurrent clostridium difficile colitis: case series involving 18 patients treated with donor stool administered via a nasogastric tube [J]. ClinInfect Dis, 2002, 34: 346-353.

[44] Yoon S, Brandt L. Treatment of refractory/recurrent C. difficile-associated disease by donated stool transplanted via colonoscopy: a case series of 12 patients [J]. J Clin Gastroenterol, 2010, 44: 562-566.

[45] Silverman M, Davis I, Pillai D. Success of self-administered home fecal trans-

plantation for chronic clostridium difficile infection [J] . Clin Gastroenterol Hepatol, 2010, 8: 471-473.

[46] Kelly CR, Khoruts A, Staley C, et al. Effect of fecal microbiota transplantation on recurrence in multiply recurrent clostridium dificile infec tion [J] . A randomized trial. Ann Intern Med, 2016, 165 (9): 609-616.

[47] Cammarota G, Masucci L, Ianiro G, et al. Randomised clinical trial: faecal microbiota transplantation by colonoscopy vs. vancomycin for the treatment of recurrent clostridium dificile infection [J] . Aliment Pharmacolher, 2015, 41 (9): 835-843.

[48] VRIEZE A, NOOD EV, FUENTES S, et al. Duodenal infusion of donor feces for recurrent clostridium dificile [J] . N Engl J Med [Internet], 2013, 368: 407-415.

[49] Bowel-flora alteration: a potential cure for inflammatory bowel disease and irritable bowel syndrome [J] . Med J Aust, 1989, 151 (2): 112.

[50] GROOT PD, FRISSEN MN, CLERCQ ND, et al. Fecal microbiota transplantation in metabolic syndrome: History, present and future [J] . Gut Microbes, 2017, 1-15.

[51] Ananthaswamy A. Bugs from your gut to mine [J] . New Sci, 2008, 209: 8-9.

[52] Borody TJ, Paramsothy S, Agrawal G. Fecal microbiota transplantation: Indications, methods, evidence, and future directions [J] . Current Gastroenterology Reports, 2013, 15 (8): 337.

[53] Manichanh C, Reeder J, Gibert P, et al. Reshaping the gut microbiome with bacterial transplantation and antibiotic intake [J] . Genome Research, 2010, 20 (10): 1411-1419.

[54] Jiang ZD, Alexander A, Ke S, et al. Stability and efficacy of frozen and lyophilized fecal microbiota transplant (FMT) product in a mouse model of clostridium difficile infection (CDI) [J] . Anaerobe, 2017, 48 (suppl1): 110-114.

[55] Nithin GS, Woodworth MH, Tiffany W, et al. The use of microbiome restoration therapeutics to eliminate intestinal colonization with multidrug-resistant organisms [J] . TheAmerican Journal of the Medical Sciences, 2018, S0002962918303434.

[56] JiSK, Hui Y, Tao J, et al. Preparing the gut with antibiotics enhances gut mi-

crobiota reprogramming efficiency by promoting xenomicrobiota colonization [J]. Frontiers in Microbiology，2017，8：1208.

[57] Khoruts A，Dicksved J，Jansson JK，et al. Changes in the composition of the human fecal microbiome after bacteriotherapy for recurrent clostridium difficile-associated diarrhea [J]. Journal of Clinical Gastroenterology，2010，44（5）：354-360.

[58] Angelberger S，Reinisch W，Makristathis A，et al. Temporal bacterial community dynamics vary among ulcerative colitis patients after fecal microbiota transplantation [J]. Journal of Crohns and Colitis，2013，108（10）：1620-1630.

[59] Rawls JF，Mahowald MA，Ley RE，et al. Reciprocal gut microbiota transplants from zebrafish and mice to germfree recipients reveal host habitat selection [J]. Cell，2006，127（2）：423-433.

[60] Hamilton MJ，Weingarden AR，Unno T，et al. High-throughput DNA sequence analysis reveals stable engraftment of gut microbiota following transplantation of previously frozen fecal bacteria [J]. Gut Microbes，2013，4：125-135.

[61] Moayyedi P，Surette MG，Kim PT，et al. Fecal microbiota transplantation induces remission in patients with active ulcerative colitis in a randomized controlled trial [J]. Gastroenterology，2015，149（1）：102-109.

[62] NOORTJE，G，ROSSEN，et al. Findings from a randomized controlled trial of fecal transplantation for patients with ulcerative colitis [J]. Gastroenterology，2015，149（1）：110-118.

[63] Murray JD. Mathematical biology：I. an introduction，third edition [M]. Berlin Heidelberg：Springer-Verlag，2002.

[64] Smith FE. Population dynamics in daphnia magna and a new model for population growth [J]. Ecology，1963，44（4）：651-663.

[65] Stephens PA，Freckleton W J S P. What is the allee effect? [J]. Oikos，1999，87（1）：185-190.

[66] Hoppensteadt F. An age dependent epidemic model [J]. Journal of the Franklin Institute，1974，297（5）：325-333.

［67］Freter R，Brickner H，Fekete J，et al. Survival and implantation of escherichia coli in theintestinal tract ［J］. Infection and Immunity，1983，39（2）：686.

［68］Li Y. Determination of the critical concentration of neutrophils required to block bacterial growth in tissues ［J］. Journal of Experimental Medicine，2004，200（5）：613-622.

［69］Heinken A，Thiele I，Drake HL. Anoxic conditions promote species-specific mutualism betweengut Microbes，in silico ［J］. Applied and Environmental Microbiology，2015，81（12）：4049-4061.

［70］Wiles TJ，Jemielita M，Baker RP，et al. Host hut motility promotes competitive exclusion within a model intestinal microbiota ［J］. PLoS Biology，2016，14（7）：e1002517.

［71］Shashkova T，Popenko A，Tyakht A，et al. Agent based modeling of human gut microbiomeinteractions and perturbations ［J］. PLOS ONE，2016，11（2）：e0148386.

［72］Stein RR，Bucci V，Toussaint NC，et al. Ecological modeling from time-series inference：insight into dynamics and stability of intestinal microbiota ［J］. PLoS Computational Biology，2013，9（12）：e1003388.

［73］Gibson TE，Amir B，Hong TC，et al. On the origins and control of community types in the human microbiome ［J］. PLOS Computational Biology，2016，12（2）：e1004688.

［74］Mounier J，Monnet C，Vallaeys T，et al. Microbial interactions within a cheese microbial community ［J］. Applied and Environmental Microbiology，2008，74（1）：172-181.

［75］Gonze D，Lahti L，Raes J，et al. Multistability and the origin of microbial community types ［J］. The ISME Journal，2017，11（10）：2159-2166.

［76］Bonten M，Austin D，Lipsitch M. Understanding the spread of antibiotic resistant pathogens in hospitals：nathematical nodels as tools for control ［J］. Clinical Infectious Diseases，2001，33（10）：1739-1746.

［77］Grundmann H，Hellriegel B. Mathematical modelling：a tool for hospital infection control. [J]. Lancet Infectious Diseases, 2006, 6 (1): 39-45.

[78] Levin, Bruce R. Minimizing potential resistance: a population dynamics view [J]. Clin ical Infectious Diseases, 2001, 33 (Supplement3): S161.

[79] Bourguet D, Franck P, Guillemaud T, et al. Structure of the scientific community mod elling the evolution of resistance [J]. Plos One, 2007, 2 (12): e1275.

[80] Temime L, Hejblum G, Setbon M, et al. The rising impact of mathe-matical modelling in epidemiology: antibiotic resistance research as a case study [J]. Epidemiology and In fection, 2008, 136 (03): 289-298.

[81] Lipsitch M, Levin BR. The population dynamics of antimicrobial chemo-therapy [J]. Antimicrob Agent Chemother, 1997, 41: 363-373.

[82] Mao XR, Sabanis S, Renshaw E. Asymptotic behaviour of the stochas-tic Lotka-Volterra model [J]. Journal of Mathematical Analysis Applica-tions, 2003, 287 (1): 141-156.

[83] Bucci V, Bradde S, Biroli G, Xavier JB. Social interaction, noise and antibiotic mediated switches in the intestinal microbiota [J]. PLoS Comput Biol, 2012, 8: e1002497.

[84] D'AGATA EM, DUPONT-ROUZEYROL M, MAGAL P, et al. The impact of different antibiotic regimens on the emergence of antimicrobial-resist-ant bacteria [J]. PLoS ONE, 2008, 3 (12): e4036.

[85] Gomes AL, Galagan JE, Segrè D. Resourcecompetition may lead to ef-fective treatment of antibiotic resistant infections [J]. PLoS ONE, 2013, 8 (12): e80775.

[86] FaustK, Sathirapongsasuti JF, Izard J, et al. Microbial cooccurrence relationships in the human microbiome [J]. PLoS Comput Biol, 2012, 8: e1002606.

[87] WilsonKH, Perini F. Role of competition for nutrients in suppression of Clostridium di ficile by the colonic microflora [J]. Infect Immun, 1988, 56: 2610-2614.

[88] Zwietering MH. Modeling of the bacterial growth curve [J]. Appl. En-

viron. Microbiol，1990，56（6）：1875-1881.

[89] Leatham MP，Banerjee S，Autieri SM，et al. Precolonized human commensal escherichia colistrains serve as a barrier to E. coli O157：H7 growth in the streptomycin-treated mouse intestine［J］．Infection and Immunity，2009，77（7）：2876-2886.

[90] Flint HJ，Duncan SH，Scott KP，Louis P. Interactions and competition within the micro-bial community of the human colon：links between diet and health［J］．Environ Microbiol，2007，9：1101.

[91] Zheng J，Gänzle MG，Lin XB，et al. Diversity and dynamics of bacteriocins from human microbiome［J］．Environmental Microbiology，2015，17（6）：2133-2143.

[92] Tabita K，Sakaguchi S，Kozaki S，et al. Comparative studies on Clostridium botulinum typea strains associated with infant botulism in Japan and in California，USA［J］．Japanese Journal of Medical Science and Biology，1990，43（6）：219.

[93] Charlotte C，Guillaume LB，Jean-Guillaume ER，et al. Vitamin B12 uptake by the gut commensal bacteria bacteroides thetaiotaomicron limits the production of shiga toxin byenterohemorrhagic escherichia coli［J］．Toxins，2016，8（1）：14.

[94] Bucci V，Nadell CD，Joao B，et al. The evolution of bacteriocin production in bacterial biofilms［J］．The American Naturalist，2011，178（6）：E162-E173.

[95] Geli P，Laxminarayan R，Dunne M，et al. "One-Size-Fits-All"? Optimizing treatment duration for bacterial infections［J］．Plos one，2012，7.

[96] Wu SW，de Lencastre H，Tomasz A. Recruitment of the mecA gene homologue of Staphylococcus sciuri into a resistance determinant and expression of the resistant pheno type in Staphylococcus aureus［J］．J Bacteriol. 2001，183（8）：2417-2424.

[97] Gottig S，Riedel-Christ S，Saleh A，et al. Impact of blaNDM-1on fitness and pathogenicity of Escherichia coli andklebsiella pneumoniae［J］．

Int J Antimicrob Agents，2016，47（6）：430-435.

[98] Stephane N，Bienvenu J，Coffin B，et al. Butyrate strongly inhibits in vitro stimulated release of cytokines in blood [J]．Digestive Diseases and Sciences，2002，47（4）：921-928.

[99] Finegold SM，Dowd SE，Gontcharova V，et al. Pyrosequencing study of fecal microflora of autistic and control children [J]．Anaerobe，2010，16（4）：444-453.

[100] Ericsson AC，Akter S，Hanson MM，et al. Differential susceptibility to colorectal caner due to naturally occurring gut microbiota [J]．Oncotarget，2015，6（32）：33689-33704.

[101] Chaput de Saintonge DM，Levine DF，Savage IT，et al. Trial of three-day and ten-day courses of amoxycillin in otitis media [J]．Br Med J，1982，284（6322）：1078-1081.

[102] Williams JW，Holleman DR，Samsa GP，et al. Randomized controlled trial of 3 vs 10 days of trimethoprim/sulfamethoxazole for acute maxillary sinusitis [J]．Jama，1995，273（13）：1015-1021.

[103] van der Wiel-Korstanje JA，Winkler KC. The faecal flora in ulcerative colitis [J]．Journal of Medical Microbiology，1975，8（4）：491-501.

[104] Matsuda H，Fujiyama Y，Andoh A，et al. Characterization antibody response against rectal mucosa-associated bacterial flora in patients with ulcerative colitis [J]．Journal of Gastroenterology and Hepatology，2000，15（1）：61-68.

[105] Faith JJ，Guruge JL，Charbonneau M，et al. The long-term stability of the human gut microbiota [J]．Science，2013，341（6141）：1237439.

[106] Jakobsson HE，Jernberg C，Andersson AF，et al. Short-term antibiotic treatment has differing long-term impacts on the human throat and gut microbiome [J]．PLOS ONE，2010，5（3）：e9836.

[107] Waters EM，Neill DR，Kaman B，et al. Phage therapy is highly effective against chronic lung infections with Pseudomonas aeruginosa [J]．Thorax，2017，72（7）：666-667.

[108] Bartolomeu M, Rocha S, Cunha Â, et al. Effect of photodynamic therapy on the virulence factors of staphylococcus aureus [J]. Frontiers in Microbiology, 2016, 7: 267.

[109] Gustafsson I, Sjolund M, Torell E, et al. Bacteria with increased mutation frequency and antibiotic resistance are enriched in the commensal flora of patients with high antibiotic usage [J]. Journal of Antimicrobial Chemotherapy, 2003, 52 (4): 645-650.

[110] Andremont A. Commensal flora may play key role in spreading antibiotic resistance [J]. ASM news, 2003, 69 (2): 601-607.

[111] Glass L, Kauffman SA. The logical analysis of continuous, non-linear biochemicalcontrol networks [J]. Journal of Theoretical Biology, 1973, 39 (1): 103-129.

[112] Widder S, Schicho J, Schuster P. Dynamic patterns of gene regulation I: Simple two-gene systems [J]. Journal of Theoretical Biology, 2007, 246 (3): 395-419.

[113] Kauffman SA. Metabolic stability and epigenesis in randomly constructed geneticnets [J]. Theor. Biol, 1969, 22 (3), 437-467.

[114] Sugita M. Functional analysis of chemical systems in vivo using a logical circuit equivalent: II. The idea of a molecular automaton [J]. Theor Biol, 1963, 4, 179-192.

[115] Casey R, Jong HD, Gouze JL. Piecewise-linear Models of Genetic Regulatory Networks: Equilibria and their Stability [J]. Journal of Mathematical Biology, 2006, 52 (1): 27-56.

[116] Glass L. Classification of biological networks by their qualitative dynamics [J]. Journal of Theoretical Biology, 1975, 54 (1): 85-107.

[117] Plahte E, KjφGlum S. Analysis and generic properties of gene regulatory networkswith graded response functions [J]. Physica D, 2005, 201 (1-2): 150-176.

[118] Batt G, Belta C, Weiss R. Temporal logic analysis of gene networks under parameter uncertainty [J]. IEEE Transactions on Automatic Control,

2008，53（Special Issue）：215-229.

[119] Gebert J，Radde N，Weber GW. Modeling gene regulatory networks with piecewise linear differential equations ［J］. European Journal of Operational Research，2007，181（3）：1148-1165.

[120] Davidich M，Bornholdt S. The transition from differential equations to Boolean networks：a case study in simplifying a regulatory network model ［J］.Journal of Theoretical Biology，2008，255（3）：269-277.

致　谢

　　四年的博士生活即将结束，突然意识到自己竟然已走过了二十多年的求学生活，先后走过了贫困山区里只有零星几人的小学生活，县城里一个班有六十多人的初中生生活，以及大都市里的高中至研究生生活。这一路走来，明显能够感受到人们生活水平和质量有着质的飞跃。从记事之后的某一天，听着村里人像在昭告天下似的说："我们村马上就要有电了！"直到第一次看着家里的小灯泡某一天突然亮了起来，全家人甚至全村人内心的兴奋以及喜悦之情，现在仍浮现在脑中。这其中接受的教育理念以及教学方式在不同阶段也有着明显的差异。回想自己这二十多年苦读以及磨练，自己付出过，也收获满满。收获知识的同时，也收获了更多来自同学和老师带给我的关心与温暖，以及家里人一直以来对我的呵护与不求回报的付出。非常自信地说，我是一个幸运儿，非常庆幸我一路以来都有大家的陪伴。此时此刻，在收获一份满足的同时，借此机会，我要向读博四年来给予我物质和精神支持的老师、家人以及朋友，表达我最真诚的感谢！

　　首先要感谢我的恩师杨凌教授。六年前，在一次暑期学习中，从同学口中了解到平易近人的杨老师以及他在学术领域的传奇史。因此，在决定读博之后，就毫不犹豫地联系了杨老师，并且收到杨老师抛来的橄榄枝。并于2015年暑假受杨老师推荐顺利去复旦大学参加为期一个月的生物数学暑期班学习。在随后四年的生活中，杨老师不仅把我们带入了学术研究中，同时在思想和生活上对我们关怀备至。博士期间的科研课题，从选题，进行课题研究，到撰写论文，每一步工作都离不开杨老师耐心细致的指导。当我在课题研究中碰到障碍，百思不得其解时，杨老师即使牺牲休息时间也会和我一起讨论并且教会了我发现问题和解决问题的方法，还教给我中英文语言表达中常规需要注意的一些小细节。杨老师乐观自信的生活态度，深邃的思维，严谨的科研态度和高标准严要求时刻感染着我们，也将使我受益终身。总之，千言万语都无法表达对杨老师的感激之情，谨以此送上我最真诚的祝福。衷心祝愿杨老师工作顺利，阖家幸福！

　　其次，要感谢颜洁老师，也是我们大家崇拜的大师姐，感谢师姐给予我学习以及论文上的帮助。正是由于师姐耐心细致的教导，我从原来手动输入数据到如今，一遇到问题就想借用 Matlab 检验一下，再去严格理论证明。无论是毕业论文还是其他小课题的研究，从文献资料检索到最终的论文撰写都离不开师姐的悉心指点。师姐不仅是我学习中的指导老师，也是我生活中的益友。在生活中碰到难题时，师姐也会给出许多宝贵的参考意见。在此也祝愿颜老师工作顺利，阖家幸福。

　　还要感谢我们实验室的小伙伴们。学习中一旦遇到问题，大家都愿意一起帮着剖析并解决。生活上，正是有大家的陪伴，我的博士生活才变得更加丰富多彩。还有我的同窗贺艳、刘春莲，非常感谢和你们共处的美好时光。在此祝福大家科研有成果，早日顺利完成学业。

　　最后要感谢我的家人，感谢他们这三十多年来对我无微不至的关心，对我的包容和支持，感谢你们甘愿做我的坚强后盾。正是你们在物质和精神上的支持和鼓励，才使我能够顺利完成学业。研究生阶段学习生活的结束，也预示着新的工作和生活的开始。我将通过自己不断的努力，来报答所有有恩于我的人。